FAO中文出版计划项目丛书

印度洋金枪鱼委员会养护和管理措施实施手册（B部分）

印度洋金枪鱼委员会养护和管理措施限定的报告义务（第二版）

联合国粮食及农业组织　编著

张 帆 程 心 译

中国农业出版社
联合国粮食及农业组织
2023·北京

引用格式要求：

粮农组织。2023年。《印度洋金枪鱼委员会养护和管理实施手册（B部分）——印度洋金枪鱼委员会养护和管理措施限定的报告义务（第二版）》。中国北京，中国农业出版社。https://doi.org/10.4060/cb7997zh

ISBN 978-92-5-138333-9（粮农组织）
ISBN 978-7-109-31205-0 中国农业出版社）

FAO中文出版计划项目丛书

指 导 委 员 会

ACKNOWLEDGEMENTS 致 谢

　　本手册最初是在欧洲联盟"向 IOTC 的缔约方和合作非缔约方中的发展中国家提供技术援助，以改进 IOTC 养护和管理措施以及港口国措施的实施"的财政支持下编写的，并于 2013 年首次出版。这笔拨款是欧洲联盟自愿向 IOTC 提供的用于 IOTC 养护和管理措施的履约能力建设的特别基金。这项能力建设基金是根据 IOTC 的决议 12/10 设立的。

　　该手册的内容由 IOTC 秘书处在外部技术支持下编写。

　　2018 年更新和出版的手册由世界自然基金会资助。

　　2021 年更新和出版的手册由西南印度洋渔业治理和共同增长计划（SWIOFish Regional）下的第二个西南印度洋渔业治理和共同增长项目（SWIOFish2）资助。

缩略语 ACRONYMS

AFAD	锚定集鱼装置
CMM	养护和管理措施
CPC	缔约方和合作非缔约方
DFAD	漂流集鱼装置
EEZ	专属经济区
FAD	集鱼装置
FAO	联合国粮食及农业组织
IOTC	印度洋金枪鱼委员会
IOTC area	印度洋金枪鱼委员会的管辖区域
IPOA	国际行动计划
IUU	非法、不报告和不管制（捕捞）
LOA	（船舶）总长
LSTLV	大型金枪鱼延绳钓渔船
MCS	监测、控制和监督
Member	根据本协议第四条规定的印度洋金枪鱼委员会成员
NCP	非缔约方
RAV	授权船舶记录
RFMO	区域渔业管理组织
UN	联合国
UNCLOS	《联合国海洋法公约》（1982 年）
VMS	船舶监测系统

SUMMARY | **概　要** |

　　本手册目的是协助 IOTC 的缔约方和合作非缔约方（CPCs）更好地了解其在履行报告义务时必须采取的措施和行动。本手册概述了需要主动报告的 IOTC 养护和管理措施（CMMs），并解释了每项措施的目的、技术要求和报告要求。

　　内容分为三章。

　　第一章概述了本手册的目标和结构。概述了 IOTC 的决议和建议，并解释了与履约相关的 IOTC 的职能和机构设置。定义了基于事件的和重复性的报告程序，并提供了一个表格指出每个决议中船旗国、港口国、沿海国和市场国是否有报告义务。

　　第二章聚焦于有报告要求的决议，并逐一解释每项决议获得通过的关键考虑因素、目的和应用、技术和报告要求。这些决议是在基于决议目标的框架内提出的，包括渔业管理；监测、控制和监督；强制性数据统计和市场相关措施。

　　第三章介绍了 IOTC 缔约方和合作非缔约方基于 IOTC 协定第十条、议事规则及委员会和科学委员会的有关决定的报告要求。要求通过年度实施报告、标准化履约问卷和国家科学报告进行报告。

　　本手册是一份动态文件，可以根据所有 IOTC 缔约方和合作非缔约方在实施 IOTC 养护和管理措施中所获得的经验进行修正和改进。

CONTENTS **目 录**

第一章

导　论

手册目的

本手册的目的是协助 IOTC 缔约方和合作非缔约方（CPCs）更好地理解其在履行报告义务时必须采取的措施和行动。本手册概述了需要主动报告的 IOTC 养护和管理措施（CMMs），并解释了每项措施的目的、技术要求和报告要求。

本手册不包含所有的 IOTC 决议和建议，仅针对 IOTC 缔约方和合作非缔约方履约中有报告要求的养护和管理措施。

IOTC 养护和管理措施对 IOTC 缔约方和合作非缔约方的要求按主要目标分为：渔业管理，监测、控制和监督，强制性数据统计和市场相关措施。

IOTC 决议和建议的全文可以从 http：//www.iotc.org/cmms 下载，也可以通过基本或高级搜索或者 IOTC 的有效养护和管理措施的汇编获取。

手册结构

本手册是关于 IOTC 养护和管理措施实施的系列丛书的 B 部分，其中包括：

- **A 部分，了解 IOTC 和国际渔业管理框架**，概述了主要的国际渔业文书、国家管制机制以及船旗国、沿海国、港口国和市场国的义务。
- **B 部分，有报告要求的 IOTC 养护和管理措施的实施指南**，详细阐述了 IOTC 养护和管理措施下的报告要求。
- **实施表**为每项决议提供了关于报告要求的简单摘要，指出什么人在什么时候必须采取行动。
- **报告模板**可以协助 IOTC 缔约方和合作非缔约方以固定格式提供信息。方便秘书处储存、使用或分析信息，以支持后续活动。

B 部分的**附件一**包含了每个 IOTC 养护和管理措施的实施表和报告模板。

本手册有三章。

第一章解释了本手册的目标和结构。概述了 IOTC 的决议和建议，并解释了与履约相关的 IOTC 的职能和机构设置。详述了基于事件的和重复性的报告程序，并提供了一个表格指出每个决议中船旗国、港口国、沿海国和市场国是否有报告义务。

第二章提供了有报告要求的所有 IOTC 决议的以下信息：

- 简述该决议获得通过的主要考虑事项。

- 本决议的总体目标和应用。
- 技术要求，提供上下文语境，以便更好地理解报告要求，并与决议中涉及的管理、履约、数据统计或市场相关措施相关联。
- 报告要求，根据船旗国、沿海国、港口国和市场国的责任列出要求，包括发送报告的时限和收件人。

第二章的总体结构如下。决议按其主要目标排列：渔业管理；监测、控制和监督（MCS）；强制性数据统计和市场相关措施。该框架每个标题下所涉及的决议的表格包含在**附件二**中。

1. 渔业管理

渔业管理措施和标准

相关的兼捕（非 IOTC）物种

2. 监测、控制和监督

非法、不报告和不管制捕捞活动

船舶记录

船舶监测系统

港口国措施

转载

观察员

3. 强制性数据统计

4. 市场相关措施

第三章介绍了 IOTC 缔约方和合作非缔约方基于 IOTC 协定第十条、议事规则以及委员会和科学委员会有关决定的报告要求。要求通过年度实施报告、标准化履约问卷和国家科学报告进行报告。

IOTC 决议和建议

在 IOTC 委员会会议上，成员（IOTC 协定的缔约方）通过了 IOTC 授权下关于管理金枪鱼和类金枪鱼物种及其相关渔业的 IOTC 养护和管理措施（图 1-1）。这些决定以决议或建议的形式呈现。

IOTC 决议对委员会成员具有法律约束力，且需要超过三分之二的成员出席并进行表决。参照 IOTC 协定第九条关于通过决议的程序，实施要求解释了各成员"应该"负责做什么。IOTC 养护和管理措施可以包括针对成员的要求，也可以包括委员会或秘书处需要采取的行动。有些决议在通过后有固定的有效时限，另一些决议则长期有效。各项决议经常被新决议"取代"、更新或替换，从而变为失效状态。如上所述，本手册仅涉及在编写本报告时有效的且

图 1-1　在港船舶

对 IOTC 缔约方和合作非缔约方履约有报告要求的决议。

IOTC 建议的不同之处在于其对成员没有约束力，依赖于自愿实施。委员会可以在多数成员出席并表决的情况下，通过关于养护和管理种群的建议，以促进 IOTC 协定目标的实现。本手册未涵盖建议。

合作非缔约方自愿确保悬挂其旗帜的船舶以符合 IOTC 养护和管理措施的方式进行捕捞。

自 2020 年 12 月起，共有 59 项有效的 IOTC 养护和管理措施，包括 56 项决议和 3 项建议，其中 36 项决议包含关于 IOTC 缔约方和合作非缔约方主动报告的要求。

> IOTC 的养护和管理措施有两种类型：决议具有约束力；建议是自愿的。

第三章解释了包含在决议之外的一些报告要求。该类报告要求出现在 IOTC 协定和议事规则以及委员会和科学委员会的会议中。

IOTC 履约：机构设置和职能

IOTC 秘书处的履约部门和委员会下设的履约委员会都致力于促进 IOTC 缔约方和合作非缔约方加强对 IOTC 养护和管理措施的履约。

5

IOTC 秘书处的履约部门负责收集履约委员会用于监测 IOTC 缔约方和合作非缔约方实施的养护和管理措施的信息，包括有报告要求的信息。通过 IOTC 网站和出版物等渠道，协助 IOTC 缔约方和合作非缔约方了解和遵守 IOTC 养护和管理措施。关于报告要求，主要的出版物包括本手册和《IOTC 成员和合作非缔约方数据和信息报告要求指南》[①]。

> 履约委员会的工作致力于加强 IOTC 缔约方和合作非缔约方对 IOTC 养护和管理措施的履约。

依据 IOTC 议事规则（14/01 决议，附录 V）的规定，履约委员会的工作范围旨在构建一个结构性论坛，讨论关于 IOTC 养护和管理措施有效实施和履约的所有问题。包括审查每个 IOTC 缔约方和合作非缔约方对有约束力的 IOTC 养护和管理措施的履约情况，向委员会提出必要的建议以确保其有效性，特别是涉及"……所有与强制性报告和数据提供有关的问题，包括非目标捕捞物种"。

履约委员会还负责对每个 IOTC 缔约方和合作非缔约方的履约状况发表意见。履约委员会将对养护和管理措施的不履约行为发布未履约声明，并建议委员会对不履约行为采取适当行动。

报告要求：基于事件的和重复性的

IOTC 决议通常要求 IOTC 缔约方和合作非缔约方根据以下依据之一向秘书处提交各种类型的信息（例如报告、数据、统计量、技术要求）：

- 一次性的。
- 基于事件的，无固定报告时限的特定事件。
- 重复性的，在预设的时间间隔进行报告，例如每月或每年报告一次。

> 有两种不同类型的报告要求：基于事件的和重复性的。

"基于事件的报告要求"指需要特定事件发生才会触发的报告要求。如果事件没有发生，则不会产生报告义务。如果事件发生，IOTC 缔约方和合作非缔约方则必须报告。例如，港口国必须向秘书处（包括其他相关机构）报告：其拒绝从事非法、不报告和不管制（IUU）捕捞或与捕捞有关活动的渔船进港的决定；以及在港口接受检查的船舶的检查结果[②]。

"重复性"报告要求通常指基于有特定报告时限的月度或年度报告。例如，IOTC 缔约方和合作非缔约方必须在委员会年会之前的特定时间提交关于其实

[①] 获取地址：https://iotc.org/compliance/reporting - templates.
[②] 决议 16/11。

施 IOTC 养护和管理措施的报告。

有报告要求的养护和管理措施列表

按国家类别的有报告要求的有效的 IOTC 决议（表 1－1）包含了截至 2020 年年底有报告要求的 IOTC 养护和管理措施的完整清单。列出了每项决议对船旗国、沿海国、港口国和市场国的报告要求。

大多数决议聚焦船旗国的行为，因为这些国家负责控制其船队。

大多数决议要求船旗国提交报告，因为国际法赋予了它们有效控制悬挂其旗帜的船舶行动的首要责任（图 1－2）。根据某些决议，沿海国、港口国和市场国（或它们的组合）需要和船旗国一起或代替船旗国提交报告。

图 1－2 悬挂旗帜的船舶

表 1－1 按国家类别的有报告要求的有效的 IOTC 决议

决议	决议标题	国家类别			
		船旗国	港口国	沿海国	市场国
19/01①	关于在 IOTC 管辖区域内重建印度洋黄鳍金枪鱼种群的临时计划	√			

7

(续)

决议	决议标题	国家类别			
		船旗国	港口国	沿海国	市场国
19/02	集鱼装置（FADs）管理计划的步骤	✓			
19/03	关于 IOTC 所管辖渔业捕捞的鳐鱼的养护	✓			
19/04	关于获准在 IOTC 管辖区域作业的 IOTC 船舶的记录	✓			
19/06	关于制定大型渔船转载的管理计划	✓	✓	✓	✓
19/07②	关于在 IOTC 管辖区域的船舶租赁	✓			
18/02	关于养护 IOTC 所管辖渔业捕捞的大青鲨的管理措施	✓			
18/03	关于建立 IOTC 管辖区域内被认为从事非法、不报告和不管制捕捞活动的船舶的名单	✓	✓	✓	✓
18/05	关于养护旗鱼类物种（条纹马林鱼、黑枪鱼、蓝枪鱼和平鳍旗鱼）的管理措施	✓			
18/07	针对未履行 IOTC 报告义务行为的措施	✓			
17/05	关于 IOTC 所管辖渔业捕捞的鲨鱼的养护	✓			
17/07①	关于 IOTC 管辖区域对大型流网的禁令	✓	✓	✓	
16/05	无国籍船舶	✓	✓	✓	✓
16/08	关于载人和无人飞行器作为捕鱼辅助工具的禁令			✓	
16/11	关于防止、制止和消除非法、不报告和不管制捕捞的港口国措施	✓	✓		
15/01	关于 IOTC 管辖区域内渔船渔获量和捕捞努力量的记录	✓			
15/02	IOTC 缔约方和合作非缔约方的强制性数据统计要求	✓			
15/03	关于船舶监测系统（VMS）计划	✓	✓	✓	

（续）

决议	决议标题	国家类别			
		船旗国	港口国	沿海国	市场国
14/05	关于记录在 IOTC 管辖区域捕捞 IOTC 物种的拥有许可证的外国船舶和其准入协定的信息	✓		✓	
13/04	关于鲸类动物的养护	✓			
13/05	关于鲸鲨的养护	✓			
13/06	关于养护在 IOTC 管辖区域捕捞的鲨鱼类物种的科学管理框架	✓			
12/04	关于海龟的养护	✓	✓	✓	✓
12/06	关于减少延绳钓渔业对海鸟的兼捕	✓			
12/09	关于在 IOTC 管辖区域捕捞的长尾鲨科物种的养护	✓			
11/02	关于在数据浮标上捕鱼的禁令	✓			
11/04	关于区域观察员方案	✓			
10/08	关于在 IOTC 管辖区域捕捞金枪鱼和剑鱼的处于运行状态的船舶的记录	✓			
10/10	市场相关措施		✓		✓
07/01	促进缔约方和合作非缔约方的国民遵守 IOTC 的养护和管理措施	✓	✓	✓	✓
05/03	关于建立 IOTC 港口检查计划		✓		
01/03	制定一个促进非缔约方船舶遵守 IOTC 决议的方案	✓	✓		
01/06[④]	关于 IOTC 管辖的大眼金枪鱼的数据统计文档计划[⑤]				✓

①对印度不具有约束力，印度受 18/01 决议的约束。
②租赁缔约方也负有报告义务。
③对巴基斯坦没有约束力。
④报告要求对出口缔约方和进口缔约方都是强制性的，船旗国或港口可以作为出口缔约方。
⑤参见决议 03/03 中的附件。

第二章
养护和管理措施中的报告要求

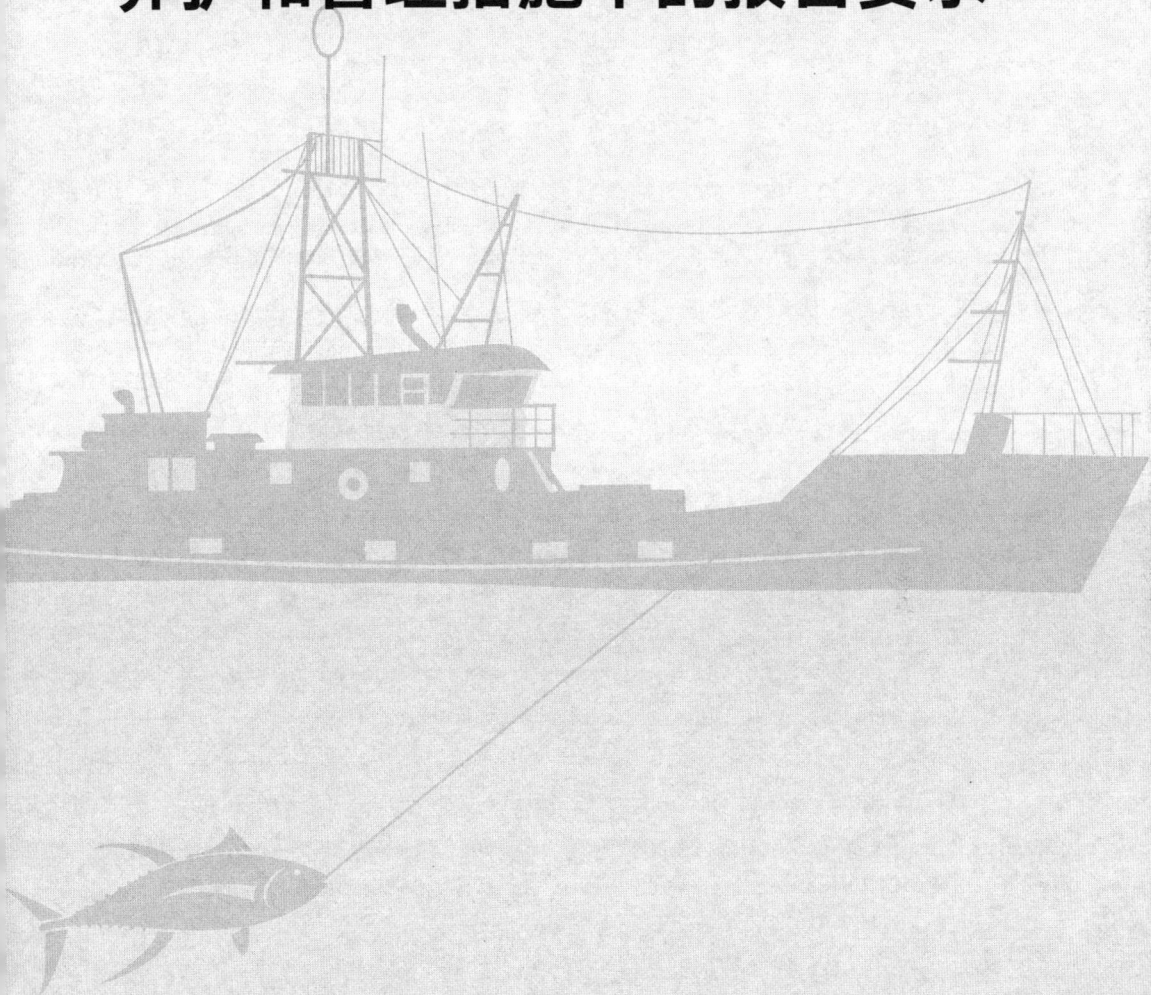

1 渔业管理

渔业管理措施和标准

决议 19/01：关于在 IOTC 管辖区域内重建印度洋黄鳍金枪鱼种群的临时计划

该决议规定了重建黄鳍金枪鱼种群的临时措施。关注到围网渔船越来越多地使用集鱼装置来维持捕捞量，导致幼年黄鳍金枪鱼和大眼金枪鱼的捕捞量大幅度增加，并指出供给船会增加围网渔船的捕捞努力量和捕捞能力（图 2-1）。2018 年和 2019 年的证据表明印度洋黄鳍金枪鱼种群处于过度捕捞状态，而且

图 2-1　决议 19/01 鼓励减少刺网渔船的数量和增加观察员的
覆盖范围以改进数据的报告质量

现在依旧处于过度捕捞状态。

本决议适用于总长 24 米及以上的所有渔船和在其船旗国专属经济区（EEZ）以外作业的总长 24 米以下的渔船。科学委员会必须在 2019 年评估该临时措施的有效性。

技术要求

缔约方和合作非缔约方的船旗国必须：

- 根据渔具（包括围网、延绳钓和刺网），参照年份按固定比例减少黄鳍金枪鱼的年捕捞量。
- 逐步减少使用供给船，限制它们对某一特定数量的围网渔船提供服务，并逐步淘汰刺网渔船或将其改为其他用途。

重建黄鳍金枪鱼种群的临时措施。

缔约方和合作非缔约方可自行决定其减少捕捞量的最适当方法（减少捕捞能力、限制捕捞努力量等）。

报告要求

船旗国

缔约方和合作非缔约方必须报告以下事项：

- 在年度实施报告中：为减少捕捞量采取的方法；因年捕捞量超过限额做出的削减措施；以及减少使用供给船的情况（第 12、14 和 16 段）。
- 致履约委员会：有关刺网相关措施的实施情况（第 23 段）。
- 依据决议 15/02 的要求，汇总最近的黄鳍金枪鱼捕捞量，需要对全长 24 米及以上船舶和 24 米以下的在专属经济区外作业的船舶分别进行汇总（第 25、26 段）。
- 每年 1 月 1 日前，报告当年每艘供给船将提供服务的围网渔船名单（第 18 段）。

决议 19/02：集鱼装置（FADs）管理计划的步骤

使用集鱼装置，包括锚定集鱼装置（AFADs）和漂流集鱼装置（DFADs），以及具有卫星跟踪系统并可以显示吸引到集鱼装置的鱼类型和数量的设备型浮标，将捕鱼从搜索和捕捞作业转变为收集活动。使用集鱼装置会对生态系统造成若干潜在的负面影响，包括捕捞金枪鱼幼鱼和兼捕脆弱的非目标物种。2012 年以来，致力于解决集鱼装置管理问题的 IOTC 养护和管理措施已逐步被通过。本决议针对的是那些拥有围网渔船并使用配备设备型浮标的漂流集鱼装置进行捕鱼作业的缔约方和合作非缔约方（图 2-2）。

技术要求

带有编号和卫星跟踪系统的设备型浮标必须与所有漂流集鱼装置一起使

图 2-2 决议 19/02 要求缔约方和合作非缔约方确保集鱼装置采用非纠缠设计并鼓励其渔船使用可生物降解的集鱼装置；还应每年提交具体的数据和集鱼装置管理计划

用，禁止使用所有其他类型的浮标（例如无线电浮标）。每艘围网渔船在任何时间最多可运行 300 个设备型浮标，而每艘围网渔船每年最多可以获取 500 个设备型浮标。但是，沿海国可以要求在其专属经济区内使用漂流集鱼装置配备更少的设备型浮标。缔约方和合作非缔约方必须要求悬挂其旗帜的船舶报告使用设备型浮标捕捞的情况。

若缔约方和合作非缔约方拥有悬挂其旗帜且使用集鱼装置的船舶，则必须制定使用集鱼装置的年度管理计划，该计划至少应遵循**附件一**中的漂流集鱼装置［和**附件二**中的锚定集鱼装置①］的使用指南。漂流集鱼装置（**附件三**）［和锚定集鱼装置（**附件四**）］需要提供相关数据，以便科学委员会依据决议 15/02 和决议 12/02 的保密规则对汇总后的数据进行分析。

> 控制漂流集鱼装置配备的设备型浮标，需要集鱼装置管理计划。

_____

① 在手册出版时，锚定集鱼装置实际上并未在 IOTC 管辖领域内使用。

报告要求

船旗国

■ 年度委员会报告（若悬挂该缔约方和合作非缔约方旗帜的船舶使用集鱼装置进行捕鱼）：报告内容为使用集鱼装置的管理计划（第12段）。

■ 在委员会年会前60天报告：报告内容为集鱼装置管理计划的进展情况，包括在必要时审查最初提交的管理计划（第16段）。

■向委员会报告（无日期限制）：报告内容为**附件三**（和**附件四**）中符合IOTC渔获量和努力量数据提交标准的数据，并且依据决议15/02，这些数据汇总后必须提供给IOTC科学委员会进行分析（第22段）。

■ 月度汇总后在60～90天内向秘书处报告：由缔约方和合作非缔约方或设备型浮标供应商公司进行报告，或者缔约方和合作非缔约方要求船舶进行报告。报告内容为其所有运行的集鱼装置的相关日常信息（第24段）。

决议18/05：关于养护旗鱼类物种（条纹马林鱼、黑枪鱼、蓝枪鱼和平鳍旗鱼）的管理措施

科学委员会认为条纹马林鱼、黑枪鱼和蓝枪鱼以及平鳍旗鱼正被过度捕捞并建议大幅度减少其捕捞量。本决议适用于船舶在IOTC管辖区域捕捞该物种的缔约方和合作非缔约方，并规定了船旗国为确保种群养护和最优开发所需要采取的最低限度的国家管理措施。

技术要求

缔约方和合作非缔约方必须努力确保不超过所设定的总捕捞限额（图2-3）。

在科学委员会给出相关意见之前，所有的物种都设置了最小捕捞尺寸，缔约方和合作非缔约方禁止捕捞、转载或上岸低于最小捕捞尺寸的个体，并要求在海上释放尺寸过小的个体。鼓励缔约方和合作非缔约方考虑采取额外的管理措施。

缔约方和合作非缔约方还必须：

■ 依据第15/01号决议，确保其渔船在IOTC管辖区域捕捞受本决议约束的鱼种时记录其渔获量。

■ 实施数据收集计划，确保准确报告受本决议约束的所有鱼种的渔获量、释放（活体）量和抛弃量，以及捕捞努力量、个体大小和抛弃行为的数据，并依据第15/02号决议向IOTC提交相关数据。

报告要求

船旗国

■ 根据第15/02号决议规定的时间表向IOTC

> 减少条纹马林鱼、黑枪鱼、蓝枪鱼和平鳍旗鱼的捕捞量。

图 2-3 决议 18/05 涉及马林鱼等旗鱼的总渔获量和捕捞尺寸
并要求报告渔获量和捕捞努力量的数据

秘书处报告：数据收集计划必须依据决议 15/02 以确保报告的准确性
（第 8 段）。

- 向科学委员会提交的年度报告：为实现可持续开发和养护条纹马林鱼、
黑枪鱼、蓝枪鱼和平鳍旗鱼而采取的渔业管理行为的相关信息（第
9 段）。

决议 17/07：关于在 IOTC 管辖区域对大型流网的禁令

该决议基于联合国大会的第 46/215 号决议，呼吁自 1992 年起全球停止在
公海上使用大型中上层流网捕鱼。大型流网的定义是长度超过 2.5 千米的刺
网、其他网或网具组合。该决议适用于在 IOTC 授权船舶记录中注册的使用流
网在 IOTC 管辖区域捕捞 IOTC 物种的船舶。

技术要求

缔约方和合作非缔约方必须采取一切必要措施禁止其渔船在 IOTC 管辖区
域的公海上使用大型流网，并于 2022 年 1 月 1 日之前禁止其渔船在所有 IOTC
管辖区域（包括 IOTC 管辖区域内缔约方和合作非缔约方的所有国家水域）使
用大型流网（图 2-4）。

17

图 2-4　决议 17/07 禁止在公海使用大型流网，且缔约方和合作非缔约方
必须报告与此有关的监测、控制和监督行为

如果悬挂缔约方和合作非缔约方旗帜的渔船被发现在 IOTC 管辖区域内作业且配备了大型流网，则推定该渔船在 IOTC 管辖区域使用大型流网。

从 2023 年起，委员会必须定期评估是否应采取和实施额外措施以确保在 IOTC 管辖区域不使用大型流网，并听取科学委员会的最新建议。

大型流网渔业对生态系统有重大影响且会捕获 IOTC 重点关切的物种；它们可能会破坏 IOTC 养护和管理措施的有效性。

报告要求

沿海国、船旗国、港口国

■ 年度实施报告：关于在 IOTC 管辖区域使用大型流网捕鱼的监测、控制和监督行动概要（第 6 段）。

决议 16/08：关于载人和无人飞行器作为捕鱼辅助工具的禁令

该决议的目的是基于预防性原则管理捕捞 IOTC 物种的渔具，以确保捕捞作业的可持续性。该决议禁止使用有人驾驶和遥控无人驾驶飞行器来支持任何渔具的捕捞作业（或作为"捕鱼辅助工具"），以此限制通过科技进步来增强捕鱼能力的活动（图 2-5）。

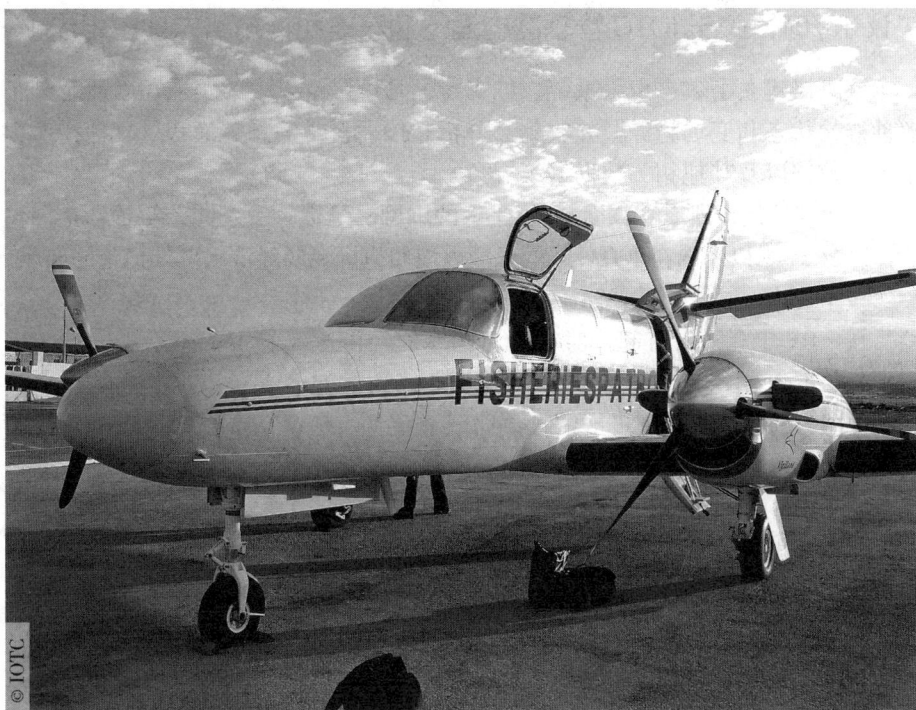

图 2 - 5　决议 16/08 禁止使用载人和无人飞行器进行捕鱼活动并要求报告
　　　　　违规事件，但是允许使用载人和无人飞行器进行监督

在本决议中：

■ "载人飞行器"指用于导航或在空中飞行的装置，具体包括但不限于飞
机、直升机和任何其他允许人员离地飞行或悬停的设备。

■ "无人飞行器"指任何能够在空中飞行的、依
靠遥控、自动或以其他无人驾驶方式的设备，
包括但不限于无人机。

使用载人和无人飞
行器作为捕鱼和搜索的
辅助工具极大地提高了
金枪鱼渔船探测鱼群的
能力。

技术要求

缔约方和合作非缔约方必须禁止悬挂其旗帜的
船舶，包括支援和补给船，使用载人和无人飞行器
作为捕鱼辅助工具。

报告要求

所有国家：

■ 向船旗国和通过 IOTC 执行秘书向履约委员会报告：任何在 IOTC 管辖
区域内使用载人和无人飞行器协助捕鱼作业的活动（第 3 段）。

决议 15/01：关于 IOTC 管辖区内渔船渔获量和捕捞努力量的记录

该决议建立了数据记录系统，以支持 IOTC 协定要求的实施，以便时刻了解种群的状态和变动趋势，并收集、分析和传播科学信息、渔获量、捕捞努力量统计数据以及其他相关数据（第五条）。

该决议适用于所有总长度超过 24 米的围网、延绳钓、刺网、竿钓和拖网渔船，以及 24 米以下的在 IOTC 管辖区域以内船旗国专属经济区以外捕鱼的船舶。

技术要求

从 2016 年 7 月 1 日起，对在沿海国专属经济区内作业的不到 24 米的属于缔约方和合作非缔约方的发展中国家的船舶，将逐步被纳入数据记录系统。在缔约方和合作非缔约方的发达国家的专属经济区域内作业的小于 24 米的船舶必须遵守此规定（图 2-6）。

缔约方和合作非缔约方的船旗国必须确保所有获准捕捞 IOTC 物种的围网、延绳钓、刺网、竿钓和拖网渔船都遵循数据记录系统的要求。

所有船舶必须保存纸质或电子日志以记录相关数据，最少包括**附录Ⅰ、Ⅱ和Ⅲ**要求的渔捞日志中的信息和数据：

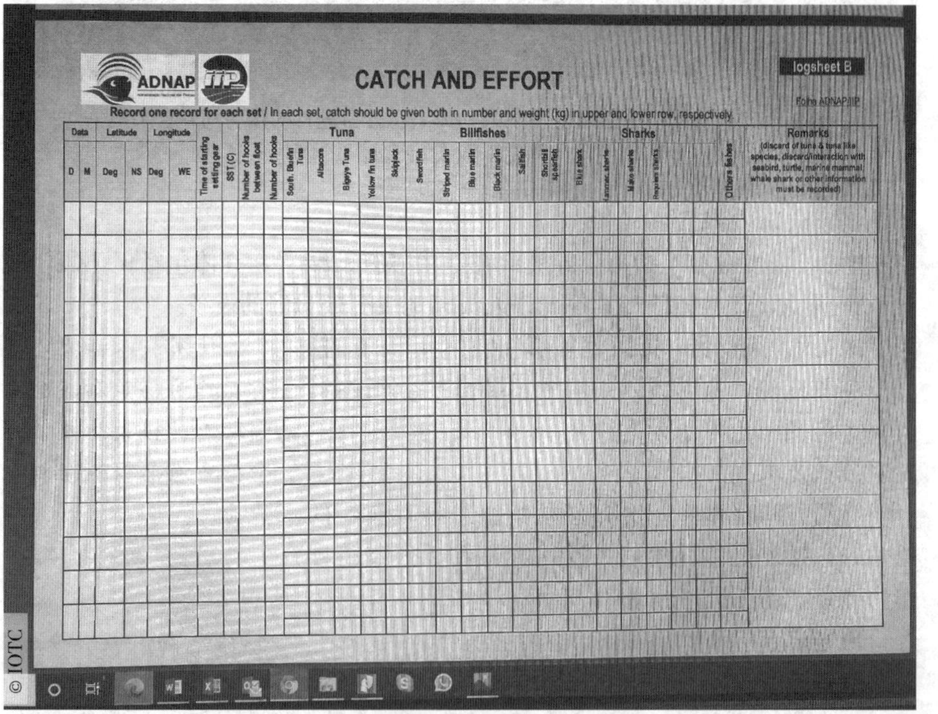

图 2-6　决议 15/01 要求记录捕捞量和捕捞努力量数据并提交给 IOTC，记录需要依据 IOTC 标准化日志中的最低要求

　　附录Ⅰ包括关于围网、延绳钓、刺网、竿钓和拖网的船舶、航次和渔具配置的信息。除非在航次中渔具配置发生变化，每个航次只填写一次。

　　附录Ⅱ包括关于围网、延绳钓、刺网、竿钓和拖网的作业和捕捞信息。渔具的每个网次/投掷/作业都需要记录。

　　附录Ⅲ包含拖网渔具的规格。

　　提供了关于在日志报告中使用委员会正式语言的要求和程序（第 5 段）。

报告要求

船旗国

■ 向执行秘书报告：依据**附件一、二和三**，使用官方日志模板修改后的模板记录数据，以便在 IOTC 网站上发布，以促进监测、控制和监督活动（第 4 段）。

■ 在次年 6 月 30 日之前向 IOTC 秘书处报告：任何一年的所有汇总后的（决议所要求的）数据，适用决议 12/02 中关于精细数据的保密规则（第 10 段）。

决议 11/02：关于在数据浮标上捕鱼的禁令

　　该决议的目的是防止渔船损坏数据浮标。"数据浮标"被定义为由政府或公认的科学组织或实体部署的漂流捉住锚定的浮动装置，其目的是以电子方式收集和测量环境数据，而不是被用于捕捞活动。该决议适用于悬挂其旗帜的船舶在 IOTC 管辖区域作业的缔约方和合作非缔约方。

技术要求

　　要求缔约方和合作非缔约方：

■ 禁止在数据浮标 1 海里①（1.852 千米）范围内捕鱼或与数据浮标相互作用（包括用渔具包围浮标；将船只、任何渔具或船只的一部分绑在数据浮标或系泊设备上，或将其固定在数据浮标上；或切断数据浮标锚线）（图 2-7）。

　　　对数据浮标的损坏会影响 IOTC 科学家的研究，不利于了解金枪鱼对栖息地的利用，不利于理解气候与金枪鱼补充量之间的关系。

■ 禁止将数据浮标带到船上，除非负责该浮标的成员或应所有人特别授权或要求。

■ 要求其船只监视海上停泊的数据浮标，并采取一切合理措施，避免渔具纠缠或以任何方式与这些数据浮标直接互动。

―――――――――――

① 注：海里为英制计量单位，1 海里＝1.852 千米。

■ 要求其船只移除与数据浮标纠缠的渔具并尽可能减小对数据浮标的损坏。

图 2-7　决议 11/02 禁止船只在距离数据浮标 1 海里范围内捕鱼

报告要求

船旗国

■ 向 IOTC 秘书处报告：缔约方和合作非缔约方必须鼓励渔船向其报告任何观察到的被损坏或无法操作的数据浮标，以及观测日期、浮标位置和数据浮标上包含的任何可识别的标识信息。缔约方和合作非缔约方应将所有此类报告通知 IOTC 秘书处（第 6 段）。

■ 通过 IOTC 秘书处向委员会报告：鼓励缔约方和合作非缔约方报告其部署在整个 IOTC 管辖区域的数据浮标的位置（第 8 段）。

相关的兼捕（非 IOTC）物种

决议 19/03：关于 IOTC 所管辖渔业捕捞的鳐鱼的养护

鳐鱼是《养护移栖野生动物公约》和《濒危野生动植物国际贸易公约》所列物种（图 2-8）。关于这种非目标鱼种的捕捞缺乏完整和准确的数据报告，而本决议旨在改进有关特定物种的数据收集情况，并禁止相关捕捞活动，从而改善对鳐鱼种群的养护和管理。本决议适用于悬挂缔约方和合作非缔约方旗帜的在 IOTC 授权渔船记录或获准捕捞 IOTC 物种的所有船只。

图 2-8　鳐鱼

技术要求

要求缔约方和合作非缔约方：

- 若在网具设置前发现鳐鱼踪迹，禁止所有船只故意使用任何渔具在 IOTC 管辖区域捕捞鳐鱼。
- 禁止所有船只捕捞、转运、上岸、储存在 IOTC 管辖海域捕获的鳐鱼的任何部分或全部尸体。
- 要求除自给性渔业渔船外的所有渔船，一旦在网中、钩子上或甲板上看到鳐鱼，立即释放其活体并尽可能保证其毫发无伤。在考虑到船员安全的情况下，应执行和遵循**附件一**详述的处理程序（图 2-9）。
- 在有要求的区域，依据科学委员会建议从 2022 年起实施采样计划。

（侧栏）鳐鱼极易受到过度捕捞的伤害；科学委员会最近注意到这些物种在印度洋的减少。

报告要求

船旗国

- 根据决议 15/02 规定的时间表，最迟于次年 6 月 30 日向 IOTC 秘书处报告：通过渔捞日志和观察员项目收集的关于船只与鳐鱼相互作用的信息和数据（即抛弃和释放的数量）（第 8 段）。
- 向科学委员会提交的国家科学报告：除非明确证明其渔业中没有故意和偶然捕获鳐鱼，否则应制定采样计划以监测自给渔业和个体渔业捕获鳐鱼（第 11 段）。
- 完成后提交科学委员会：提交科学委员会批准的一项研究项目的报告，该项目涉及科学观察员收集在 IOTC 管辖区域捕获的且收网时已经死亡的鳐鱼的生物样本（第 14 段）。

图 2-9 决议 19/03 要求缔约方和合作非缔约方的船只不得捕捞鳐鱼，
一旦鳐鱼被捕获需予以释放并记录所有意外捕获事件

决议 18/02：关于养护 IOTC 所管辖渔业捕捞的大青鲨的管理措施

考虑到大青鲨的平均估计渔获量远远高于报告的渔获量，为了确保印度洋大青鲨种群的养护，其所辖渔船在 IOTC 管辖区域捕捞大青鲨的缔约方和合作非缔约方必须采取一定的管理措施以保障大青鲨渔业资源的可持续开发。

技术要求

为了遏制渔获量的不报告行为，缔约方和合作非缔约方必须确保其在 IOTC 管辖区域作业的与 IOTC 渔业有关的捕捞大青鲨的渔船，需要按照决议 15/01 的要求记录渔获量。

它们还必须执行数据收集方案，确保依据决议 15/02 更好地向 IOTC 准确报告大青鲨的捕获量、努力量、个体大小和丢弃数据。

鼓励缔约方和合作非缔约方进行大青鲨的科学研究以了解其关键的生物学、生态学和行为学特征，研究其生活史、迁移过程、释放后存活率、安全释放指南、育幼场识别以及捕捞行为改进等内容。

报告要求

船旗国

■ 在年度国家报告中向科学委员会提交：关于年内为监测大青鲨捕获量而采取的行动详情（第 4 段）。

避免大青鲨捕捞量增加并采取措施改进数据收集和对捕捞的监测情况。

■ 通过工作文件和国家年度报告向生态系统和副渔获物工作组和科学委员会提交：关于大青鲨的科学研究成果（第 5 段）（图 2-10）。

图 2 - 10　决议 18/02 要求收集和记录有关大青鲨的捕捞量和捕捞努力量数据

决议 17/05：关于 IOTC 所管辖渔业捕捞的鲨鱼的养护

该决议承认有关鲨鱼的各种国际和区域渔业管理组织的措施，包括渔业、附带渔获、完全为获取鱼鳍为目的的渔业以及充分利用鲨鱼的必要性。

该决议承认需要改进关于捕获、抛弃和交易的物种层面数据的收集工作，以此作为改进鲨鱼种群养护和管理的基础，并指出割鳍后几乎不可能识别出鲨鱼的种类。同时认识到从事传统的小型渔业的渔民会利用鲨鱼的整个尸体（图 2-11）。

该决议旨在养护和管理与 IOTC 授权渔业有关的鲨鱼，控制鲨鱼割鳍行为，鼓励充分利用捕获的鲨鱼，并确定未来科学研究重点。该决议适用于 IOTC 授权船舶记录上的或授权捕捞 IOTC 物种的所有悬挂 IOTC 缔约方和合作非缔约方旗帜的船只。

技术要求

缔约方和合作非缔约方必须实施和使用鲨鱼鳍相关的要求，包括：

■ 要求渔民充分利用捕获的全部鲨鱼（首次上岸时保留除头部、内脏和鲨鱼皮以外的所有部分），但 IOTC 禁止捕捞的物种除外。

■ 对于新鲜上岸的鲨鱼，禁止在船上取下鱼鳍，且缔约方和合作非缔约

25

图 2-11　决议 17/05 有关于割鳍和数据收集的多项规定，
并鼓励活体放生，包括双髻鲨在内的鲨鱼个体

方在首次上岸前必须禁止上岸、船上保留、转载和携带非自然附着在
鲨鱼尸体上的鱼鳍。

■ 对于冰冻上岸的鲨鱼，如上述规定不适用，缔约方和合作非缔约方必须保证其船只在首次上岸时船上的鱼鳍总重量不超过船上鲨鱼重量的 5%，如果没有上岸，应对船上的鱼鳍和鲨鱼重量的比例进行监测和核证。

更好地解决收集物种层面数据、充分利用所捕获鲨鱼的整个个体和控制割鳍行为。

此外，还有一项与市场相关的要求：缔约方和合作非缔约方必须禁止购买和交易违反本决议捕捞、移除、转载或上岸的鱼鳍。

鼓励缔约方和合作非缔约方释放活体鲨鱼，并每年审查现有的新信息，以最终改善鲨鱼渔业的全面管理和可持续性。

缔约方和合作非缔约方必须开展科学研究，包括：如何使渔具更具选择性；提高对关键生物学和生态学参数、生活史、行为特征和迁移路线的认知；确定关键的鲨鱼交配、繁殖和育幼区；并改善活体鲨鱼的处理方法以最大限度地提高其释放后的存活率。

报告要求

船旗国

■ 根据决议 15/02 规定的 IOTC 数据报告要求，于次年 6 月 30 日前向 IOTC 秘书处提交：鲨鱼捕获量数据，包括所有历史数据、估算的（死亡和活体的）抛弃量以及体长频率（第 6 段）。

决议 13/04：关于鲸类动物的养护

本决议要求采取相关措施以避免鲸类动物在围网渔业中的相互作用、缠绕和死亡并收集和报告相关数据。本决议适用于 IOTC 授权船只记录上的或授权在公海上捕捞 IOTC 物种的所有缔约方和合作非缔约方船只。本决议不适用于仅在各自专属经济区域内经营的小型渔业（图 2-12）。

图 2-12　决议 13/04 禁止渔船在座头鲸等鲸类动物周围设置围网，并要求报告所有与鲸类动物的交互行为

技术要求

缔约方和合作非缔约方必须：

■ 若放网前发现鲸类动物，在 IOTC 管辖区域内禁止悬挂其旗帜的船只在鲸类动物周围设置围网。

■ 当鲸类动物无意中被围网包围，要求船长采取一切合理步骤，确保鲸类动物的安全释放，并向船旗国报告事件的相关信息。

■ 如果使用其他渔具类型捕捞与鲸类动物有关的金枪鱼和类金枪鱼物种，则要求向船旗国有关当局提交一份包含与鲸类动物所有相互作用的相关信息的报告。

■ 根据决议 18/08 的**附件三**，使用可以减少缠绕发生率的集鱼装置。

报告要求

拥有保护这些物种的国家和州立法的缔约方和合作非缔约方不必向 IOTC 报告，但鼓励其提供数据供 IOTC 科学委员会审议。

解决围网捕捞对鲸类动物可持续性的影响，需要收集和报告非目标物种数据。

船旗国

■ 根据决议 15/02 规定的 IOTC 数据报告要求，于次年 6 月 30 日前向 IOTC 秘书处提交：如果鲸类动物被围网包围（有意或无意），则必须通过渔捞日志或观察员项目报告所需信息（第 7 段）。

■ 最迟于委员会年会前 60 天以年度实施报告形式向委员会报告（IOTC 协定第十条）：悬挂其旗帜的船只使用围网包围鲸类动物的所有事件（第 8 段）。

决议 13/05：关于鲸鲨的养护

该决议要求采取相关措施以避免鲸鲨在围网渔业中的相互作用、缠绕和死亡，并收集和报告相关数据。本决议适用于 IOTC 授权船只记录上的或授权在公海上捕捞 IOTC 物种的所有缔约方和合作非缔约方船只。本决议不适用于仅在各自专属经济区域内经营的小型渔业（图 2 - 13）。

技术要求

缔约方和合作非缔约方必须：

■ 若放网前发现鲸鲨，在 IOTC 管辖区域内禁止悬挂其旗帜的船只在鲸鲨周围设置围网。

■ 当鲸鲨无意中被围网包围，要求船长采取一切合理步骤，确保鲸鲨的安全释放，并向船旗国报告事件的相关信息。

■ 如果使用其他渔具类型捕捞与鲸鲨有关的金枪鱼和类金枪鱼物种，则要求向船旗国有关当局提交一份包含与鲸鲨所有相互作用的相关信息的报告。

■ 根据决议 18/08 的**附件三**，使用可以减少缠绕发生率的集鱼装置。

图 2-13　决议 13/05 禁止在鲸鲨周围设置围网；如果无意中
发生该行为，所有的事件和互动行为都必须报告

报告要求

拥有保护这些物种的国家和州立法的 IOTC 缔约方和合作非缔约方应免于向 IOTC 报告，但鼓励提供数据供 IOTC 科学委员会审议。

船旗国

■ 根据决议 15/02 规定的 IOTC 数据报告要求，于次年 6 月 30 日前向 IOTC 秘书处提交：如果鲸鲨被围网包围（有意或无意），则必须通过渔捞日志或观察员项目报告所需信息（第 7 段）。

> 解决围网捕捞对鲸鲨可持续性的影响，需要收集和报告非目标物种数据。

■ 最迟于委员会年会前 60 天以年度实施报告形式向委员会报告（IOTC 协定第十条）：悬挂其旗帜的船只使用围网包围鲸鲨的所有事件（第 8 段）。

决议 13/06：关于养护在 IOTC 管辖区域捕捞的鲨鱼类物种的科学管理框架

该决议涉及在 IOTC 中建立养护和管理鲨鱼物种的科学框架。由于大洋白鳍鲨很容易与其他鲨鱼物种区分开来，因此可以在上船前将其释放。本决议适用于 IOTC 授权船只记录上的或授权在公海上捕捞 IOTC 物种的所有缔约方和合作非缔约方船只（图 2 - 14）。

图 2 - 14　决议 13/06 规定记录大洋白鳍鲨的意外捕获和活体释放

技术要求

委员会必须（根据科学委员会的建议或意见）确定受 IOTC 养护和管理措施管制的鲨鱼物种，包括禁止在船上保留、转载、上岸或储存鲨鱼的任何部分或整个尸体。

缔约方和合作非缔约方必须：

■ 作为一项临时试点措施，禁止所有悬挂其旗帜的船只在船上保留、转载、上岸或储存大洋白鳍鲨的任何部分或整个尸体，但涉及科学观察员的某些情况除外。本决议不适用于专门在缔约方和合作非缔约方的专属经济区域内作业的用以当地消费的小型渔业。

　　鲨鱼是 IOTC 管辖区域的主要目标或副渔获物，是当地社区的宝贵资源。

■ 要求所有悬挂其旗帜的船只在切实可行的范围内立即无伤害释放上船的大洋白鳍鲨（但是，缔约方和合作非缔约方还应鼓励其渔民在大洋白鳍鲨上船之前将其释放）。

■ 鼓励其渔民记录大洋白鳍鲨偶然被捕获和活体释放情况（这些数据将

保存在 IOTC 秘书处)。

- 在可能的情况下,对在 IOTC 管辖区域捕获的大洋白鳍鲨进行研究,以确定其潜在的育幼场。
- 允许科学观察员采集在 IOTC 管辖区域的在捕捞时已经死亡的大洋白鳍鲨的生物样本,前提是样本采集工作属于 IOTC 科学委员会批准的研究项目的一部分。

报告要求

船旗国

报告要求没有明确说明。然而,这意味着缔约方和合作非缔约方应按照决议 15/01 和决议 15/02 的要求,向委员会提供大洋白鳍鲨被偶然捕获和活体释放的记录(数据将保存在 IOTC 秘书处)(第 5 段)。

决议 12/04：关于海龟的养护

该决议涉及 IOTC 管辖的渔业中海龟相互作用和死亡率的数据缺乏的问题,数据缺乏不利于估算海龟的兼捕量,并损害了 IOTC 应对和管理捕捞对海龟不利影响的能力。本决议旨在加强过去决议的国际措施以确保其应用于所有海龟物种,并要求缔约方和合作非缔约方就 IOTC 管理的渔业中的所有海龟交互和死亡情况提交年度报告。本决议适用于 IOTC 授权船舶记录上的所有船舶(图 2 - 15)。

© IOTC

图 2 - 15　决议 12/04 规定多项对海龟的养护和报告措施

技术要求

缔约方和合作非缔约方必须：

■ 酌情执行 2005 年联合国粮食及农业组织《降低捕捞作业中海龟死亡率的准则》；收集（包括通过渔捞日志和观察员计划）并向 IOTC 秘书处提供关于其船只与海龟互动的所有数据，包括渔捞日志和观察员覆盖率的情况，并估算其渔业中偶然捕获的海龟的总死亡率。

■ 要求以 IOTC 协定所涵盖的受 IOTC 管理的物种为目标的船只上的渔民在可行的情况下尽快将其捕获的任何昏迷或不活动的海龟带上船并帮助其恢复，包括协助其恢复意识，然后再将其安全送回水中。

■ 确保渔民了解并使用针对海龟兼捕的缓解、识别、处理和脱钩技术，并根据 IOTC 海龟识别卡中的处理指南，在船上装备释放海龟的所有必要设备。

■ 对于使用以下渔具捕捞 IOTC 物种的悬挂其旗帜的船舶：

• **刺网**：要求作业人员在其渔捞日志中记录捕捞作业期间涉及海龟的所有事件，并向缔约方和合作非缔约方报告此类事件。

> 管理捕捞对海龟的不利影响。

• **延绳钓**：确保作业人员携带线切割机和脱钩器，以方便处理和释放被捕获或缠绕的海龟；在适当情况下，鼓励使用整个有鳍鱼作为鱼饵；要求作业人员在其渔捞日志中记录捕捞作业期间涉及海龟的所有事件，并向缔约方和合作非缔约方报告。

• **围网**：要求作业人员在 IOTC 管辖海域捕鱼时：（在切实可行的范围内）避免包围海龟。如果海龟被网具包围或缠绕，则采取切实可行的措施安全释放海龟，包括停止网滚动，在不伤害海龟的情况下解除其缠绕的渔网，并在切实可行的范围内协助海龟恢复后再返回水中；在适当情况下，携带和使用浸网来处理海龟；鼓励围网渔船采用非缠绕式集鱼装置设计；将捕鱼作业期间涉及海龟的所有事件记录在渔捞日志中，并向缔约方和合作非缔约方报告此类事件。要求缔约方和合作非缔约方对相关方法进行研究试验以减轻捕捞对海龟的不利影响，并向科学委员会报告结果，并敦促在实施减少海龟兼捕的措施时考虑《关于养护和管理印度洋和东南亚海龟及其生境的谅解备忘录》（包括《养护和管理计划》）的规定。

报告要求

船旗国

■ 根据第 15/02 号决议于次年 6 月 30 日前向 IOTC 秘书处报告：悬挂其旗帜的船只与海龟互动的所有数据。数据应包括渔捞日志或观察员覆

盖率的情况，并估算在其渔业中被偶然捕获的海龟的总死亡率（第
3 段）。

■ 向科学委员会报告：关于成功的海龟兼捕缓解的措施和其他对 IOTC 管
辖区域海龟造成影响的信息，如筑巢区域的恶化和海洋废弃物的吞食
（第 4 段）。

■ 向委员会提交年度执行报告（IOTC 协定第十条）：执行联合国粮食及
农业组织准则和本决议的进展情况（第 5 段）。

所有国家

■ 至少在年度会议召开前 30 天向科学委员会报告：海龟兼捕缓解方法的
研究试验结果（第 10 段）。

决议 12/06：关于减少延绳钓渔业对海鸟的兼捕

该决议反映了 IOTC 缔约方和合作非缔约方的最终目标，即在 IOTC 渔业
中实现海鸟的零兼捕，特别是针对延绳钓渔业中受威胁的信天翁和海燕等物
种。在其他金枪鱼延绳钓渔业中进行的研究表明，通过大幅度增加目标鱼种的
渔获量来减少海鸟兼捕的措施具有显著的经济效益。本决议适用于悬挂其旗帜
的船只从事延绳钓渔业的缔约方和合作非缔约方，以及派遣到这些渔业中的观
察员（图 2 - 16）。

图 2 - 16 决议 12/06 要求禁止捕捞海鸟，如果偶然捕获需要做好鉴种和记录

技术要求

缔约方和合作非缔约方必须：

- 按物种记录关于海鸟兼捕的数据，可以根据决议 11/04 通过科学观察员或者通过包含物种详情在内的渔捞日志（若可行）进行。

> 全球范围担心的某些种类海鸟，特别是信天翁和海燕，面临灭绝的威胁。

- 寻求通过使用有效的缓解措施减少所有渔区、季节和渔业类型的海鸟兼捕数量，同时充分考虑船员的安全和缓解措施的实用性。
- 确保南纬25°以南地区的所有延绳钓渔船至少使用表1（遵循最低技术标准）中的三项缓解措施中的两项，并考虑在符合科学建议的其他地区实施这些措施。
- 执行**附件一**中关于惊鸟线的设计和部署的规范。

报告要求

船旗国

- 根据决议 11/04 的报告要求，每年：依据决议 11/04 的科学观察员要求，通过科学观察员按物种记录关于海鸟兼捕的数据。为了鉴别海鸟物种，观察员必须尽可能拍摄渔船捕获的海鸟的照片，并将其转交国家海鸟专家或 IOTC 秘书处（第 1 段）。
- 通过渔捞日志：尚未完全执行决议 11/04 第 2 段概述的 IOTC 区域观察员计划规定的缔约方和合作非缔约方必须通过渔捞日志报告海鸟兼捕情况并尽可能包括物种详情（第 2 段）。
- 向委员会提交年度实施报告：关于其如何实行这项措施的信息（第 3 段）。

决议 12/09：关于在 IOTC 管辖区域捕捞的长尾鲨科物种的养护

该决议认识到进行种群评估的重要性，但承认在不上船的情况下很难区分不同种类的长尾鲨，而上船可能会不利于所捕获鲨鱼的存活。禁止悬挂缔约方和合作非缔约方旗帜的船只在船上保留、转载和从事与长尾鲨有关的其他捕捞后的活动。该决议适用于 IOTC 授权船只记录上的所有渔船（图 2-17）。

技术要求

缔约方和合作非缔约方必须：

- 禁止船只在船上保留、转载、上岸、储存或出售长尾鲨科所有物种的个体的任何部分或全部尸体，但进行经科学委员会批准研究的科学观察员的某些活动除外。

> 长尾鲨科物种在 IOTC 地区作为兼捕渔获，而大眼长尾鲨尤其濒危和脆弱。

- 要求悬挂其旗帜的船只在切实可行的范围内

图 2 - 17　决议 12/09 要求记录意外捕捞事件并报告给 IOTC

立即无伤害释放被带到船上的长尾鲨。

■ 鼓励其渔民记录和报告意外捕获和活体释放事件（数据将保存在 IOTC 秘书处）。

■ 要求休闲渔业渔民活体释放捕获的长尾鲨科物种，配备适合在容易捕获鲨鱼的地方活体释放鲨鱼的设备，并禁止渔民在船上保留、转载、上岸、储存、实际出售或意图出售任何标本。

■ 在可能的情况下，在 IOTC 管辖区域对长尾鲨科物种进行研究，以确定其潜在的育幼场，并酌情考虑基于研究的额外管理措施。

报告要求

船旗国

■ 根据 IOTC 数据报告程序（决议 15/01 和 15/02）的要求：缔约方和合作非缔约方应鼓励其渔民记录和报告偶然捕获和活体释放情况。这些数据将被保存在 IOTC 秘书处（第 4 段）。

■ 根据 IOTC 数据报告程序（决议 15/01 和 15/02）的要求：缔约方和合作非缔约方，特别是以鲨鱼为目标物种的缔约方和合作非缔约方，应提交鲨鱼的数据（第 8 段）。

2 监测、控制和监督

非法、不报告和不管制捕捞活动

决议 18/03：关于制定 IOTC 管辖区域内被认为从事非法、不报告和不管制捕捞活动的船舶的名单

该决议旨在通过反制措施应对日益增长的从事非法、不报告和不管制（IUU）捕捞活动的船只。本决议参照所有相关的国际渔业文书，并补充了关于缔约方和合作非缔约方国民遵守 IOTC 养护和管理措施的决议 07/01，该决议加强了缔约方和合作非缔约方在应对本国国民从事非法、不报告和不管制捕捞活动方面的合作（图 2-18）。

该决议详细描述了将船只列入 IOTC 非法、不报告和不管制船只名单和从名单上移除以及与其他区域渔业管理组织交叉列名的制度体系。重要的是，本决议要求缔约方和合作非缔约方对列入名单的船只采取措施和行动。本决议适用于对 IOTC 物种或 IOTC 管辖区域内任何养护和管理措施所涵盖的物种进行捕捞和捕捞相关活动的船舶及其船主、作业人员和船长。

决议中使用的某些术语的定义反映了国际最优做法，包括根据联合国粮食及农业组织《非法、不报告和不管制的捕捞活动》第 3 段改编的"非法、不报告和不管制的捕捞活动"的定义。

该系统涉及被认为参与非法、不报告和不管制捕捞活动的船只的三份清单：非法、不报告和不管制船舶名单草稿；非法、不报告和不管制船舶暂定名单；非法、不报告和不管制船舶名单。

技术要求
列入船舶名单
■ 如果缔约方和合作非缔约方发现在履约委员会年度会议 24 个月内有任何船只在 IOTC 管辖区域内从事非法、不报告和不管制捕捞活

> 非法、不报告和不管制捕鱼活动降低了 IOTC 养护和管理措施的有效性，并可能与严重的有组织犯罪有关。

图 2 - 18　决议 18/03 要求成员向 IOTC 和有关船旗国报告从事非法转载等
　　　　　非法活动的船舶和活动细节

动，必须提交相关船只名单。

■ 缔约方和合作非缔约方的船旗国必须对相关指控进行调查并报告调查
进展。

■ 若缔约方和合作非缔约方的船旗国有船只被列入非法、不报告和不管
制船舶名单草稿，则必须通知船主和作业人员，密切监测该船只，并
将调查结果转交执行秘书。

■ 履约委员会必须审查相关资料和非法、不报告和不管制船舶名单草稿，
并根据相关标准决定是否将该船舶列入非法、不报告和不管制船舶暂
定名单，然后将后者提交给委员会。

■ 委员会必须考虑非法、不报告和不管制船舶暂定名单和相关信息，并
可修改非法、不报告和不管制船舶名单。

针对非法、不报告和不管制船只采取的行动

■ IOTC 执行秘书必须要求名单所列每艘船的船旗国通知船主和作业人
员，并采取必要措施防止该船只从事非法、不报告和不管制捕捞活动。

■ 缔约方和合作非缔约方必须依法对非法、不报告和不管制的船只采取必要措施：

- 确保其船舶不协助或不参与被列入非法、不报告和不管制名单船只的其他特定活动；
- 拒绝其进入港口；
- 考虑优先对被列入非法、不报告和不管制的船只进行港口检查；
- 禁止租赁非法、不报告和不管制船只；
- 拒绝悬挂其旗帜，但与所有权变更有关的某些特例情况除外；
- 鼓励进口商和其他人避免从事包括转载在内的交易；
- 收集信息并与其他缔约方和合作非缔约方交换信息，以检测和防止关于非法、不报告和不管制船只捕捞的 IOTC 物种的虚假进出口证书。

从船舶名单除名

■ 根据船旗国关于在闭会期间将其船只从非法、不报告和不管制船舶名单上除名的请求，规定了除名程序。缔约方和合作非缔约方可决定该船旗国提供的有关资料是否表明该船只可从名单上除名。

公布非法、不报告和不管制船舶名单，更改船舶细节，以及交叉列出非法、不报告和不管制船舶清单

■ IOTC 执行秘书必须确保公布非法、不报告和不管制船舶名单，并将其发布在 IOTC 网站上。

■ 持有与所列船只详情（如**附件二**所列）有关的任何新的或变更的资料的缔约方和合作非缔约方必须立即将相关资料转交执行秘书，并在核实证实该资料后更新名单。

报告要求

所有国家

■ 至少在履约委员会年度会议召开前 70 天，使用《IOTC 非法活动报告表》向 IOTC 执行秘书报告：在履约委员会年会举行前 24 个月内，缔约方和合作非缔约方应提交在 IOTC 管辖区域内从事非法、不报告和不管制的捕捞活动的船舶的名单（第 5 段）。

■ 缔约方和合作非缔约方获得指控悬挂其旗帜的船只进行非法、不报告和不管制捕捞活动的资料后 60 天内，向 IOTC 执行秘书报告；缔约方和合作非缔约方报告调查进展情况（第 7 段）。

■ 至少在履约委员会年会召开前 15 天向 IOTC 执行秘书报告：被列入非法、不报告和不管制船舶名单草稿的船只的船旗国可以提交关于列入名单的船只及其活动的任何评论和资料，包括根据第 9.a 段和第 9.b 段提供的资料，以及说明名单所列船只有或没有：

- 依照现行 IOTC 养护和管理措施进行捕捞活动；

- 在沿海国管辖的水域作业时遵守其法律法规，并按照船旗国的法律法规和捕捞授权进行捕鱼活动；
- 专门针对 IOTC 协议或 IOTC 养护和管理措施不涵盖的物种进行捕捞（第 10 段）。

■ 随时向 IOTC 执行秘书报告：缔约方和合作非缔约方可就非法、不报告和不管制船舶名单草稿上的船只提供任何与建立非法、不报告和不管制船舶清单相关的补充资料。如果 IOTC 秘书处在向缔约方和合作非缔约方分发非法、不报告和不管制船舶名单草稿之后收到这一资料，会尽快将该资料分发给所有缔约方和合作非缔约方以及名单所列船只的船旗国（第 12 段）。

■ 随时向 IOTC 执行秘书报告：列入非法、不报告和不管制船舶名单的船只的船旗国可通过提供资料提出将该船只从名单上除名的请求，该请求可以在闭会期间提出（第 22 段）。

■ 尽快向 IOTC 执行秘书报告：若缔约方和合作非缔约方有关于非法、不报告和不管制船只清单所列船只的与**附件二**第 1 至第 8 段的细节相关的新资料或更正资料，则必须报告相关资料（第 30 段）。

决议 16/05：无国籍船舶

无国籍船舶是指根据国际法无权悬挂任何国家国旗或者在两个或两个以上国家国旗下航行并根据方便使用船旗的船只。

该决议考虑到在 IOTC 管辖海域捕鱼的无国籍船舶破坏了 IOTC 协定的目标和委员会的工作。本决议重申了决议 17/03，指出在 IOTC 管辖区域内捕捞金枪鱼或类金枪鱼物种的无国籍船舶应推定为从事非法、不报告和不管制捕捞活动。

> 无国籍船舶在没有治理和监督的情况下运营。

本决议适用于所有缔约方和合作非缔约方，并针对被怀疑或确认为可能在 IOTC 管辖区域公海进行捕捞的无国籍渔船。

技术要求

鼓励缔约方和合作非缔约方：

■ 在适当情况下，对在 IOTC 管辖区域正在从事或已从事与捕鱼或捕鱼有关活动的无国籍船舶采取有效行动，包括采取强制行动。

■ 禁止鱼类和水产品的上岸和转载并禁止提供港口服务。

■ 采取必要措施，包括酌情制定国内立法，使其能够采取有效行动，防止和阻止无国籍渔船在 IOTC 管辖区域从事捕鱼或与捕鱼有关的活动。

■ 分享关于疑似无国籍船舶的信息，协助澄清此类船只的状况，并分享关于无国籍船舶活动的信息，以便为防止和阻止此类船只在 IOTC 管辖区域从事捕鱼或与捕鱼有关的活动（图 2-19）。

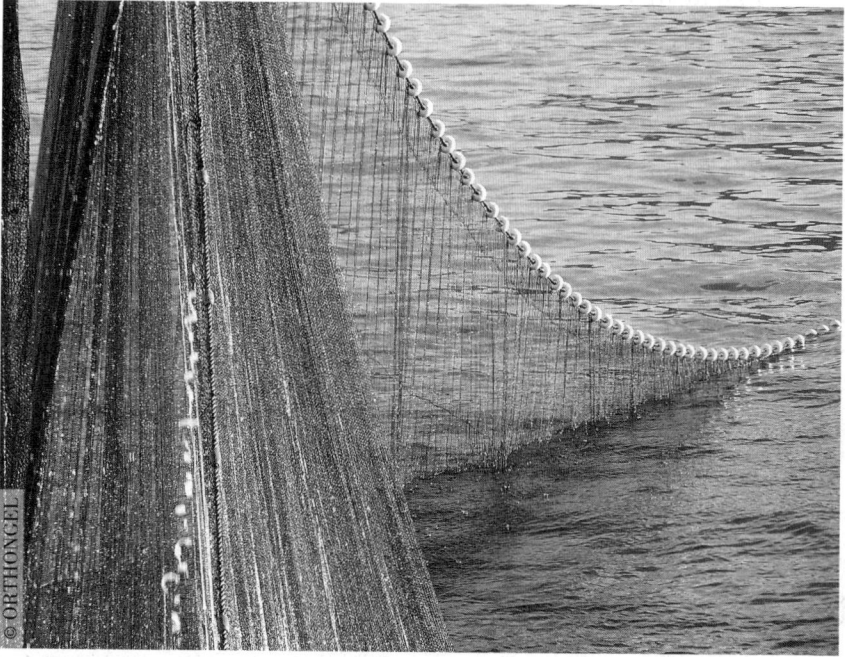

图 2-19　若使用该网具的船舶无国籍，按照决议 16/05 要求采取一定的行动

■ 与所有船旗国合作，加强其立法、业务和体制能力，对悬挂其国旗的在 IOTC 管辖海域从事捕鱼或与捕鱼有关活动的船只采取行动，包括实施充分的制裁，或者禁止此类船只悬挂其旗帜从而使这些船只失去国籍。

报告要求

所有国家

■ 尽快向 IOTC 秘书处报告：若发现任何疑似或确认为无国籍的渔船可能在 IOTC 管辖区域的公海捕鱼，必须由其船只或飞机作为目击方缔约方和合作非缔约方的有关当局尽快向 IOTC 秘书处报告（第 5 段）。

决议 01/03：制定一个促进非缔约方船舶遵守 IOTC 决议的方案

该决议旨在促进非缔约方船只的履约，推定它们在某些情况下会破坏 IOTC 养护和管理措施，要求对它们进行检查并禁止上岸和转载。本决议适用于所有缔约方和合作非缔约方（图 2 - 20）。

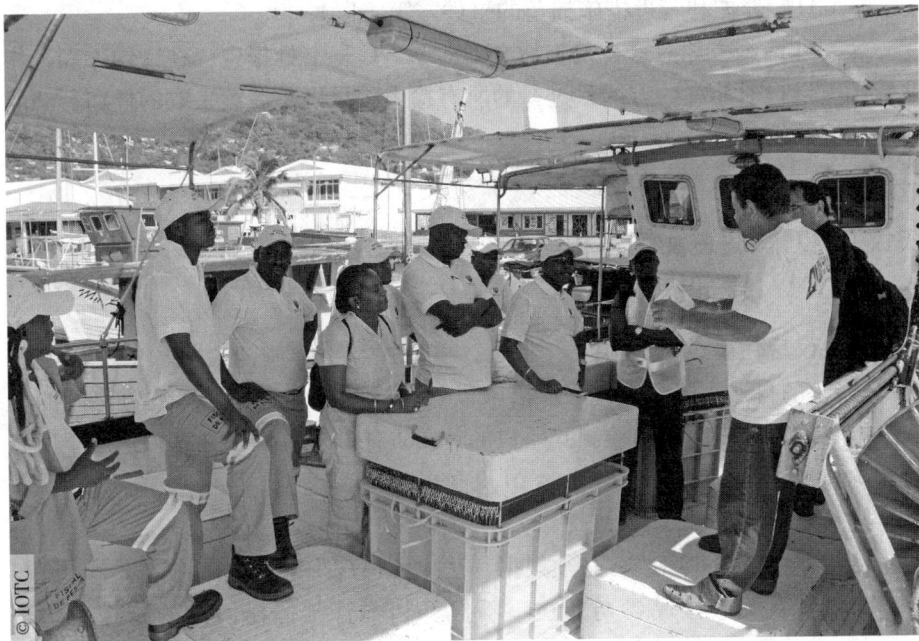

图 2 - 20　决议 01/03 要求对所有非缔约方的船舶进行检查；
为保证检查的有效性，IOTC 组织了培训

技术要求

缔约方和合作非缔约方必须：

■ 向船旗国报告其船只或飞行器观察到的被认
为正在违反 IOTC 养护和管理措施进行捕捞
的非缔约方渔船的情况。

■ 根据本决议进行观察和报告时假定非缔约方船只违反了 IOTC 养护和管
理措施。

■ 检查进入缔约方和合作非缔约方港口的任何悬挂非缔约方旗帜的船只，
在检查完成之前不允许其上岸或转载任何渔获或鱼类产品。

■ 如果检查发现受 IOTC 养护和管理措施管制的 IOTC 物种，则禁止所有
鱼类上岸或转载，除非该船能够证明这些鱼是在 IOTC 管理区域之外
捕获的，或证明其符合有关 IOTC 养护和管理措施和 IOTC 协定的
要求。

报告要求

所有国家

■ 观察到非缔约方船只时向 IOTC 秘书处和非缔约方（NCP）船旗国报

缔约方和合作非缔
约方一致认为，综合控
制和检查计划的实施应
采取分阶段的办法。

41

告：缔约方和合作非缔约方船只或飞行器观察到的被认为正在违反IOTC 养护和管理措施捕鱼的事件（第 1 段）。

■ 对非缔约方船只进行检查后立即向 IOTC 秘书处报告：在缔约方和合作非缔约方港口对非缔约方船只进行的所有检查结果以及后续采取的任何行动的相关情况（第 5 段）。

决议 07/01：促进缔约方和合作非缔约方的国民遵守 IOTC 的养护和管理措施

该决议旨在通过促进对从事非法、不报告和不管制捕捞活动的本国国民（受其管辖的自然人或法人）采取措施以加强缔约方和合作非缔约方之间的合作。本决议不妨碍船旗国控制其船只的首要责任并对其做出补充，适用于所有缔约方和合作非缔约方。

技术要求

缔约方和合作非缔约方必须根据其法律和法规采取适当措施：

■ 调查有关其国民参与非法、不报告和不管制捕捞活动的指控和报告（定义见 IOTC 决议）（图 2 - 21）。

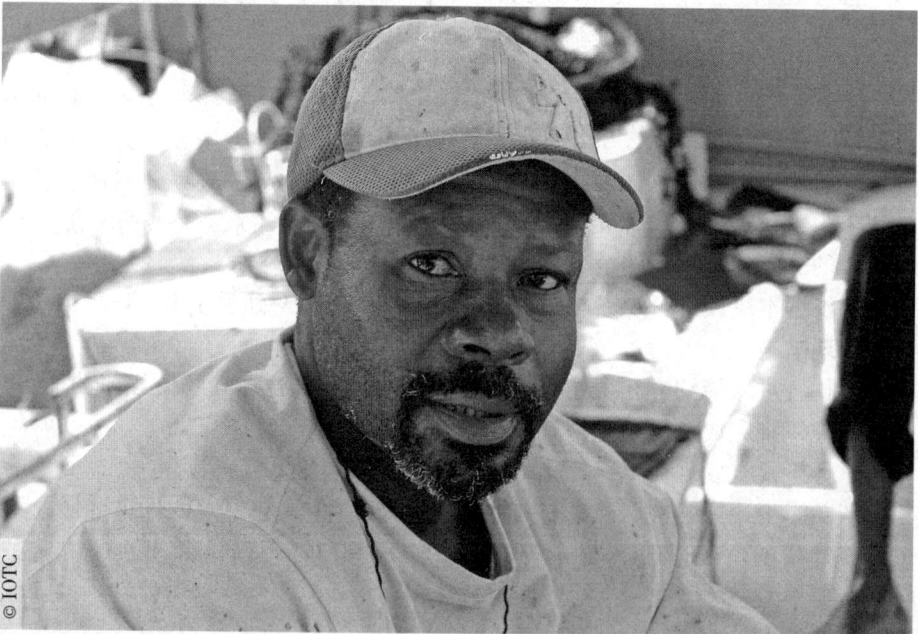

图 2 - 21　为了保障这类渔民的生计，决议 07/01 要求对那些不遵守 IOTC 的养护和管理措施的行为采取行动

■ 针对在 IOTC 管辖区域内捕捞金枪鱼或类金枪鱼物种的无国籍船只的任
　 何经核实的活动采取行动。
■ 配合实施这些措施和行动。

缔约方和合作非缔约方的有关机构应配合实施
IOTC 养护和管理措施，缔约方和合作非缔约方必
须寻求其管辖范围内企业的合作。

> 缔约方和合作非缔
> 约方应该配合采取适当
> 行动以阻止其国民进行
> 任何不符合 IOTC 协定
> 目标的活动。

报告要求
所有国家

■ 及时向 IOTC 秘书处和其他缔约方和合作非
　 缔约方报告：缔约方和合作非缔约方必须依照其国家保密法律规定报
　 告所采取的行动和措施（第 2 段）。

船舶记录

决议 19/04：关于获准在 IOTC 管辖区域作业的 IOTC 船舶的记录

该决议旨在从 IOTC 管辖区域消除大型非法、不报告和不管制的金枪鱼渔
船，并促进对授权渔船（AFVs）的识别。本决议主要适用于船旗国，但所有
国家都被赋予不同的责任。

本决议建立了 IOTC 授权渔船（RAV）的记录，包括渔船以及辅助、供
给和支援船只：

■ 全长 24 米或以上；或者在其船旗国专属经济区域外运行的超过 24 米；
　 并且被授权在 IOTC 管辖区域捕捞金枪鱼和类金枪鱼物种。

所有不在 IOTC 授权渔船记录中的船只均被视为无权在 IOTC 管辖区域捕
捞、船上保留、转载或上岸金枪鱼和类金枪鱼物种且不准支持任何捕捞活动或
设置漂流集鱼装置（DFADs）。本决议不适用于在船旗国专属经济区域内作业
的小于 24 米的船只。

技术要求
缔约方和合作非缔约方必须向执行秘书提交：

■ 获准在 IOTC 管辖区域作业的渔船名单及其指定信息（图 2 - 22）。
■ 在签发捕捞 IOTC 物种的授权书时，若指定信息变更，必须提交更新后
　 的在国家管辖范围以外捕鱼的官方授权模板。
■ 在建立其最初的 IOTC 记录后，提交对记录的任何更改（添加、删除、
　 修改等）。

IOTC 授权船舶记录中的船旗国缔约方和合作非缔约方必须对其船舶进行

图 2-22　决议 19/04 要求缔约方和合作非缔约方向 IOTC 报告类似
该图的船舶侧面图片；船舶标记应清晰可见

相关控制，包括：

- 只有在能够满足 IOTC 协议及其养护和管理措施的要求时才能授权其船舶在 IOTC 管辖区域作业。
- 采取必要的措施以确保其授权渔船符合所有相关的 IOTC 养护和管理措施。
- 采取必要措施以确保其在 IOTC 记录中的授权渔船持有有效的船舶注册证书以及捕鱼和转运的有效授权。
- 确保在 IOTC 记录的授权渔船没有从事非法、不报告和不管制捕鱼活动的历史，或者有这样的历史但满足某些条件。
- 根据国内法律，尽可能确保在授权船舶记录中的渔船的船主和作业人员不从事或不参与不在授权船舶记录中的船只在 IOTC 管辖区域内进行的金枪鱼捕捞活动。

大型渔船很容易跨大洋作业，而且很可能会在没有及时向 IOTC 注册的情况下在 IOTC 管辖区域作业。

• 根据国内法律，采取必要措施尽可能确保 IOTC 授权船舶记录中的渔船的船主是船旗国的公民或法律实体，以便可以有效地对他们采取任何控制或惩罚行动。

缔约方和合作非缔约方还必须：

■ 审查其内部行动及根据上段采取的措施，包括惩罚行动及制裁，并每年向委员会汇报审查结果。

■ 根据立法采取措施，禁止不在 IOTC 授权渔船记录中的船只捕捞、在船上保留、转载和上岸金枪鱼和类金枪鱼物种。

■ 通过具体行动确保与统计文件计划涵盖的物种相关的 IOTC 养护和管理措施的有效性，包括：验证 IOTC 授权渔船记录中的船只的统计文件；要求被授权渔船捕获的并被统计文件计划涵盖的物种在进口到缔约方时附带经过验证的统计文件；进口国/船旗国之间开展合作，以确保统计文件不被伪造且不包含错误信息。

■ 向 IOTC 执行秘书报告任何事实性信息以表明有合理理由怀疑不在授权渔船记录中的船只在 IOTC 管辖区域内从事金枪鱼和类金枪鱼鱼种的捕捞和转载的活动。

■ 确保所有渔船拥有主管当局签发和核证的相关文件，至少每年核实一次文件，并确保对文件的任何修改都得到主管当局的核证。

■ 确保授权的渔船、渔具、标记浮标和集鱼装置按照相关标准进行标记。

■ 确保船只保留一本装订好的国家渔捞日志，日志页码连续且在船上保留原始记录至少 12 个月。

报告要求

船旗国

■ 向 IOTC 执行秘书报告信息变化时进行的更新：向悬挂其旗帜的船只签发捕捞 IOTC 物种授权的缔约方和合作非缔约方必须提交一份官方授权在国家管辖范围以外区域捕鱼的更新后的模板（第 6 段）。

■ 向 IOTC 执行秘书报告信息变化时进行的更新：在建立初始 IOTC 记录后，缔约方和合作非缔约方必须立即报告对其授权渔船记录的任何添加、删除和修改（第 9 段）。

■ 每年向委员会报告：关于对悬挂其国旗的船只采取内部行动和措施的审查报告，包括惩罚行动和制裁（第 12 段）。

所有国家

■ 向 IOTC 执行秘书报告：缔约方和合作非缔约方报告任何事实性信息以表明有合理理由怀疑不在授权渔船记录中的船只在 IOTC 管辖区域内从事金枪鱼和类金枪鱼鱼种的捕捞和转载的活动（第 14 段）。

决议 19/07：关于在 IOTC 管辖区域的船舶租赁

该决议涉及以下问题：除非按照商定的程序进行管制，否则在渔船不改变其船旗的情况下使用租船协议可能会损害 IOTC 养护和管理措施的有效性（图 2－23）。

> 租赁船只对印度洋的可持续渔业发展做出了重要贡献，但租赁协议需要加以管理以免促进非法、不报告和不管制捕捞活动。

"船舶租赁" 的定义：悬挂某一缔约方（CP）旗帜的渔船由另一缔约方的作业人员在某一规定期限内租用而不改变船旗的协定或安排。

"租船缔约方" 指持有配额分配或捕捞机会的缔约方，**"船旗缔约方"** 指被租赁的船只所注册的缔约方。

本决议的目标是允许租船协议作为租船缔约方发展其渔业的第一步，且船舶租赁时间与其渔业发展时间表保持一致。坚决保证不损害 IOTC 养护和管理措施。

图 2－23　决议 19/07 要求缔约方和合作非缔约方报告租船协议的详情

该决议包含一般性条款，规定了租船协议和《租船通知计划》的条件，如下所述。本决议与决议 10/08 中报告船舶承租人的要求有关。

技术要求

租船协议的条件：

■ 船旗缔约方必须以书面形式同意租船协议。

■ 捕鱼作业的时间在任何自然年累计不得超过 12 个月。

■ 拟租赁的渔船必须是：

- 向负责任的缔约方和合作非缔约方注册，而这些缔约方和合作非缔约方必须明确同意在其船舶上应用和执行 IOTC 养护和管理措施。
- 在 IOTC 授权渔船记录中。

■ 船旗缔约方必须确保租赁的船舶同时符合租船缔约方和 IOTC 养护和管理措施的要求。

■ 如果租船缔约方允许其租赁的船只在公海捕鱼，则船旗缔约方需负责控制此类捕捞活动，租赁船只必须向两个缔约方（租船和船旗）和 IOTC 秘书处报告船舶监测系统和渔获量数据。

■ 所有渔获量，包括副渔获物和抛弃物，以及观察员覆盖范围（包括历史、当前和未来数据），分别计入租船缔约方在协议期间的配额及捕捞机会和覆盖率。

■ 租船缔约方必须向 IOTC 报告所有的渔获物，包括副渔获物和抛弃物，以及 IOTC 根据《租船通知计划》所要求的其他信息。

■ 船舶监测系统（VMS）和其他监测、控制和监督工具必须按照 IOTC 养护和管理措施的要求使用。

■ 租赁船只需遵守观察员覆盖率的最低要求（至少占捕捞努力量的 5%）。该条件与决议 11/04 的要求有关。

■ 租赁船只必须持有租船缔约方签发的捕捞许可证，并且不得被列入 IOTC 或其他区域渔业管理组织的非法、不报告和不管制船舶名单。

■ 在根据租船协议作业时，租赁船只不得被授权使用船旗国的配额和权利（如有），也不得同时在一份以上的船舶租赁协议下进行捕捞活动。

■ 租赁船只的渔获物必须只在租船缔约方的港口或在其直接监督下卸货以确保不损害 IOTC 养护和管理措施，租船协议中有其他规定并符合国内立法的情况除外。

■ 租赁船只必须一直携带《租船通知计划》所需文件的副本。

报告要求

租船缔约方

■ 根据《租船通知计划》和租船协议开始捕捞活动前 72 小时至 15 天以内向 IOTC 执行秘书报告：租船缔约方必须在可能的情况下以电子方式提交每艘租赁船舶的情况：

- 租赁船舶的名称（包括本国语言和拉丁语）、注册号以及国际海事组织（IMO）船舶识别号（若有）。
- 船舶受益所有人的姓名和联系地址。
- 船舶的具体描述，包括总长度、船舶类型和租赁期间使用的捕捞方法的类型。

- 租船协议的副本及其向船舶颁发的捕捞授权或许可证，包括分配给船舶的配额或捕捞机会，以及租船协议的期限。
- 租船协议的同意书。
- 为执行这些规定而采取的措施（第4段）。

■ 在每年2月28日之前向IOTC执行秘书报告，并在上一个日历年：租船缔约方必须报告根据本决议制定和执行的租船协议的细节，包括租用船只的渔获量和捕捞努力量以及租用船只达到的观察员覆盖率水平，以符合IOTC数据保密要求的方式（第8段）。

船旗缔约方

■ 根据《租船通知计划》和租船协议开始捕捞活动前72小时至15天以内向IOTC执行秘书报告：船旗国必须提供：

- 租船协议的同意书。
- 为执行这些规定所采取的措施。
- 遵守IOTC养护和管理措施的同意书（第4段）。

租船缔约方和船旗缔约方

■ 立即向IOTC执行秘书报告：根据租船协议开始、暂停、恢复和终止捕捞作业的情况（第6段）。

决议14/05：关于记录在IOTC管辖区域捕捞IOTC物种的拥有许可证的外国船舶和其准入协定的信息

该决议的目的是建立获准在IOTC缔约方和合作非缔约方的专属经济区捕鱼的外国渔船的记录。旨在提高渔业准入协定（包括私人和政府对政府的关系）的透明度，为准入协定建立共同条款，并加强数据收集（图2-24）。

该决议认为：缔约方和合作非缔约方有责任确保其在其他国家管辖区域进行捕鱼活动的船只得到授权并遵守沿海国的法律；需要确保缔约方和合作非缔约方之间的透明度，特别是促进共同打击非法、不报告和不管制捕捞活动；要求所有缔约方和合作非缔约方报告数据；完善的数据统计报告对IOTC的工作具有重要意义。

该决议还可以对IOTC授权船舶记录（决议19/04）和获准接收海上转载的船舶记录（决议19/06）的报告进行交叉核对。

该决议适用于准许外国渔船进入本国专属经济区作业的沿海国。

技术要求

如果缔约方和合作非缔约方已向悬挂外国国旗的船只颁发许可证或者允许外国渔船根据政府间准入协定在其专属经济区内捕捞IOTC管辖区域的IOTC

图 2-24　决议 14/05 要求缔约方和合作非缔约方报告其授权的外国船舶的详情

物种，缔约方和合作非缔约方必须：

- 许可证，提交载有指定信息的所有悬挂外国国旗船只的清单。
- 准入协定，提交共同指定的信息。

对私人或政府间准入协定作出了共同规定，包括要求沿海国：

- 如果根据此类协定的许可证申请被拒绝，需要通知船主和船旗国。
- 提供载有指定信息的沿海国正式捕鱼许可证模板。

报告要求

沿海国

- 在每年 2 月 15 日之前向 IOTC 执行秘书提交一份清单，列出前一年已发放许可证的所有悬挂外国国旗的在其专属经济区内捕捞 IOTC 管辖区域的 IOTC 鱼种的船只（第 1 段），需包含指定信息（第 1 段和第 2 段）。
- 向船主和船旗国报告[①]：悬挂外国国旗的渔船根据私人或政府间准入协定申请许可证被拒绝的情况。如果拒绝的原因与违反 IOTC 养护和管理措施有关，则 IOTC 履约委员会必须在下届会议上解决该问题（第 6 段）。

　　获准在 IOTC 缔约方和合作非缔约方的专属经济区内捕鱼的外国船只的信息透明是识别潜在的不报告捕捞活动的一种手段。

---

　　① 为了履约委员会可以解决这个问题，信息可以以表格形式提供，表格在 2 月 15 日之前根据本决议提交。

■ 立即向 IOTC 执行秘书报告：对沿海国捕捞许可证的修改，包括改变模板、改变其中的任何信息或者改变被要求进行的修改（第 8 段）。

沿海国和船旗国

■ 联合向 IOTC 执行秘书报告：签署政府间准入协定的沿海国和船旗国必须通告以下信息：

- 参与该协定的缔约方和合作非缔约方。
- 本协定所涵盖的时间段或期限。
- 获授权的船舶和渔具类型、数量。
- 获准捕捞的种群或物种，包括任何适用的捕捞限额。
- 适用于缔约方和合作非缔约方捕捞的配额或渔获量限额（若有）。
- 船旗国和沿海国要求的监测、控制和监督措施。
- 协定中规定的数据报告义务，包括有关各方之间的义务以及必须向委员会提供信息的义务。
- 一份书面协定的副本（第 3 段）。

■ 立即向 IOTC 执行秘书报告：若修改准入协定时改变了第 3 段中指定的任何信息，缔约方和合作非缔约方需要报告修改情况（第 5 段）。

决议 10/08：关于在 IOTC 管辖区域捕捞金枪鱼和剑鱼的处于运行状态的船舶记录

该决议的目的是根据缔约方和合作非缔约方的报告，每年确定一份在 IOTC 管辖区域实际作业（不同于授权作业）的船只名单。这些报告的目的是向 IOTC 履约委员会提供对缔约方和合作非缔约方遵守本决议和其他相关 IOTC 决议的水平的独立评价。本决议适用于悬挂其旗帜的船只在 IOTC 管辖区域捕捞金枪鱼和剑鱼的缔约方和合作非缔约方。

技术要求

在 IOTC 管辖区域捕捞金枪鱼和剑鱼的船只所属的缔约方和合作非缔约方必须提交一份清单，列出前一年在该区域作业且总长度超过 24 米的船只或在船旗国专属经济区以外水域作业的小于 24 米的船只（图 2-25）。

> 船旗国关于其船只数据的报告提供了现役船队规模的资料，为限制捕捞能力提供了依据。

报告要求

船旗国

■ 最迟于每年 2 月 15 日向 IOTC 执行秘书报告：一份前一年在 IOTC 管辖区域作业的捕捞金枪鱼和剑鱼的总长度超过 24 米的船只名单，以及在船旗国专属经济区以外水域作业的总长度小于 24 米的船只名单（第 1 段）。

图 2-25 决议 10/08 要求缔约方和合作非缔约方向 IOTC 报告当前处于运行状态的渔船

该名单必须包含以下信息：

- IOTC 号。
- 名称和注册号。
- 国际海事组织号（若有）。
- 曾用船旗（若有）。
- 国际无线电呼号（若有）。
- 船舶类型、长度和总吨位（GT）。
- 船主、租船人和作业人员的姓名和地址。
- 主要目标物种。
- 授权的期限（第 2 段）。

船舶监测系统

决议 15/03：关于船舶监测系统（VMS）计划

该决议的目的是要求缔约方和合作非缔约方对所有悬挂其旗帜的船只（总

长度为24米或以上）或那些在船旗国专属经济区以外捕鱼总船长不到24米的船只采用卫星船舶监测系统。委员会有权为IOTC管辖区域船舶监测系统的注册、实施和运作制定准则，以便使缔约方和合作非缔约方的船舶监测系统标准化（图2-26）。

图2-26　决议15/03要求缔约方和合作非缔约方每年向
IOTC报告所有船舶监测系统的异常情况

技术要求

技术要求包括确保陆上渔业监测中心配备相关设备，可以至少每四小时接收一次指定的信息。规定了卫星监测装置的位置和保护要求，大多数其他的有关卫星跟踪装置和处理技术故障或功能故障的技术要求在**附件一**中做了说明。

多方成员已经为其船队建立了船舶监测系统和程序，认为他们的经验可能非常有助于支撑维护IOTC的养护和管理程序。

报告要求

船旗国

如果缔约方和合作非缔约方不能履行该决议中的义务需向IOTC秘书处报告：（ⅰ）在实施本决议时现有的系统、基础设施和能力；（ⅱ）实施该系统所遇到的障碍；（ⅲ）实施的要求（第11段）。

在每年6月30日之前，向IOTC秘书处提交一份根据本决议制定的船舶监测系统方案的进展和实施情况的报告（第 12 段）。

　　所有国家

　　向 IOTC 秘书处和船旗国报告：疑似船舶监测系统不符合 IOTC 要求或已被篡改的任何信息（**附件一，A 段**）。

港口国措施

决议 16/11：关于防止、制止和消除非法、不报告和不管制捕捞活动的港口国措施

　　该决议与 2009 年联合国粮食及农业组织的《港口国措施协定》几乎相同。该决议相比决议 05/03（港口检查程序）所规定的要求更为全面。该决议认可最近在开发计算机化通信系统、电子化港口国措施应用程序（e-PSM）方面和提供关于使用这一应用程序的国家培训项目方面取得的成就。培训项目旨在确保采用并逐步过渡到充分使用电子化港口国措施应用程序，该应用程序是为了促进遵守本决议而设计的。

> 港口国措施为防止、制止和消除非法、不报告和不管制捕捞活动提供了有力和有效的手段。

　　旨在通过执行有效的港口国措施和控制 IOTC 管辖区域捕获的鱼类，从而防止、制止和消除非法、不报告和不管制捕捞活动，以确保这些资源和海洋生态系统的长期养护和可持续利用。本决议采取循序渐进的方法，对要求入港的船只进行管制，在其入港时采取相关措施，并提出检查、信息核查和通信的要求。在特定情况下会拒绝船舶使用港口，这会对相关船舶的运营产生严重的经济和其他影响。

　　缔约方和合作非缔约方作为港口国，必须将本决议应用于无权悬挂其旗帜的正在寻求进入其港口或已经在其港口的船只，但以下情况除外：a）为维持生计而从事小型渔业的邻国船只，且港口国和船旗国合作确保该船只不从事非法、不报告和不管制捕捞活动；b）不载鱼或者载有已经上过岸的鱼的集装箱船，并且没有明确理由怀疑这些船只从事与捕鱼有关的活动（图 2-27）。

　　该决议适用于捕鱼和与捕鱼有关的活动（"为捕捞提供支持或准备工作的任何行动，包括上岸、包装、加工、转载或运输以前未在港口上岸的鱼，以及在海上提供人员、燃料、渔具和其他用品"）。

　　在某些情况下，本决议将拒绝船舶使用港口"上岸、转载、包装和加工以前未上岸的鱼，以及加油、补给、维修和干船坞检修等其他港口服务"。

AGREEMENT
ON PORT STATE MEASURES TO PREVENT, DETER
AND ELIMINATE ILLEGAL, UNREPORTED AND
UNREGULATED FISHING

ACCORD
RELATIF AUX MESURES DU RESSORT DE L'ÉTAT
DU PORT VISANT À PRÉVENIR, CONTRECARRER ET ÉLIMINER
LA PÊCHE ILLICITE, NON DÉCLARÉE ET NON RÉGLEMENTÉE

ACUERDO
SOBRE MEDIDAS DEL ESTADO RECTOR DEL PUERTO DESTINADAS
A PREVENIR, DESALENTAR Y ELIMINAR LA PESCA ILEGAL,
NO DECLARADA Y NO REGLAMENTADA

图 2-27　决议 16/11 是实行《港口国措施协定》的有力工具

技术要求

港口国必须：

- 在执行该决议时，要在国家层面整合和协调与渔业有关的港口国措施，结合更广泛的港口国管制系统以及打击非法、不报告和不管制捕捞及其相关活动的措施，在有关机构之间进行信息交换和工作协调。

- 指定和公布外国渔船可以要求进入的港口，并确保相关港口有足够的能力实施检查。

- 要求船舶在入港前 24 小时提交入港请求，该请求需使用包括**附件一**中的信息且尽可能使用电子化港口国措施应用程序。如果距离开港口的时间小于 24 小时，要在捕鱼作业结束后立即提交请求。

- 决定是否授权或拒绝船舶进入其港口，并将该信息传达给该船舶的船长或代理人。

- 如获准入港，则要求船舶的船长或代理人在船舶到达港口时出示授权文件。

- 如果被拒绝入港，需将此决定告知该船的船旗国，并酌情通知相关沿海国和 IOTC。

- 若有充分证据证明寻求入港的船舶从事非法、不报告和不管制捕捞活动或与捕捞有关的活动，要拒绝其入港或只允许其入港接受检查并采取至少与拒绝入港具有同样效力的其他措施，入港检查时拒绝该船舶使用港口。

- 在特定条件下要拒绝入港船舶使用港口，例如该船没有船旗国或沿海国所要求的授权，船旗国没有确认其渔获是按照区域渔业管理组织的养护和管理措施捕捞的，或者有其他合理理由怀疑其从事非法、不报告和不管制捕捞活动（无需检查）的。

- 实施港口检查的级别和优先级（每年至少占所有上岸和转载量的 5%），按照**附件二**的职能和作为最低标准的相关程序进行检查。

- 将检查结果列入**附件三**，并在 3 日内将检查结果转交船长、船旗国、IOTC 秘书处和其他有关国家。

- 根据**附件五**中的准则对其港口检查员进行培训。

- 检查后，如果有明确理由相信某船只从事非法、不报告和不管制捕捞活动或与其相关的活动，要拒绝该船使用港口，并迅速将调查结果通知船旗国、IOTC 秘书处，并酌情通知有关沿海国、其他区域渔业管理组织和船长所属国家。

船旗国必须：

- 要求其船舶配合港口国进行检查。

- 若有明确理由相信悬挂其旗帜的船只从事非法、不报告和不管制捕捞活动，在该船只寻求进入港口时要求港口国对其进行检查或采取其他措施。
- 鼓励悬挂其旗帜的船只使用依照本决议行事的国家的港口。
- 在收到检查报告，表明有明确理由相信悬挂其旗帜的船只从事非法、不报告和不管制捕捞或相关活动时，应立即和全面调查该事项，并根据相关法律立即采取强制行动。
- 确保对授权悬挂其旗帜的船只采取的措施在防止、制止和消除非法、不报告和不管制捕捞活动以及与捕捞有关的活动方面至少与港口国对船只采取的措施具有同等效力。

报告要求

港口国

- 立即向 IOTC 秘书处报告：
  - 拒绝外国渔船入港的决定（第 7.3 段）。
  - 拒绝外国渔船使用其港口进行上岸、转载、包装和加工以前未上岸的鱼类，以及提供其他港口服务的决定（第 9.3 段）。
  - 任何拒绝使用港口决定的撤销情况（第 9.5 段）。
  - 检查后有明确理由相信船只从事非法、不报告和不管制捕捞活动或与捕捞有关的活动的情况（第 15.1 段）。
- 在检查完成后 3 个完整工作日内，以电子方式向 IOTC 秘书处报告：检查报告的副本，有需要的话提供原件或经核证的副本（第 13.1 段）。

船旗国

- 向其他缔约方和合作非缔约方、有关港口国以及酌情向其他区域渔业管理组织和粮农组织报告：对于授权悬挂其旗帜的被港口国根据本决议采取的措施认定为从事非法、不报告和不管制捕捞或相关活动的船只所采取的行动（第 17.5 段）。

决议 05/03：关于建立 IOTC 港口检查计划

该决议反映了在粮农组织《港口国措施协定》和 IOTC 决议 16/11 对管理范畴和要求进行强化之前的关于港口国权利和义务的国际规定。相关国际标准非常基础；提到了港口国采取措施促进区域和全球养护和管理措施的"权利和义务"，但没有涉及船旗国或沿海国国家法律的强制性。

该决议旨在授权港口国（基于其意愿）在 IOTC 养护和管理措施遭到破坏且船只自愿进入港口时采取措施和行动。如果与决议 16/11 更严格的规定不一致，必须执行后者（图 2-28）。

图 2-28　决议 05/03 提供了对类似这艘冷藏船的在港渔船的检查方案

技术要求

该决议规定港口国可以检查自愿进入其港口的渔船上的文件、渔具和渔获物（第 3 段），但本决议没有对船舶提出任何强制性要求，也没有充分阐述港口国的权利和义务。

缔约方和合作非缔约方必须通过国家条例禁止非缔约方船只上岸和转载通过破坏 IOTC 养护和管理措施而捕获的 IOTC 物种。没有提及进一步的后果或制裁措施。

如果港口国认为有证据表明缔约方和合作非缔约方或非缔约方船只违反了 IOTC 养护和管理措施，港口国必须通知相关的船旗国并酌情通知委员会，并附上包括所有检查报告在内的完整文件。在这种情况下，船旗国必须向委员会转交其就此事所采取的行动的详细情况。这项要求与决议 16/11 的要求类似。

> 港口检查是控制和检查计划的核心要素。

报告要求

港口国

■ 每年 7 月 1 日前以电子方式向 IOTC 执行秘书报告：前一年在其港口上岸 IOTC 管辖区域内的金枪鱼和类金枪鱼物种的外国渔船名单。该资料必须按重量和物种详细说明上岸渔获物的组成（第 8 段）。

转　　载

决议 19/06：关于制定大型渔船转载的管理计划

该决议解决非法、不报告和不管制捕捞活动以及非法捕捞的鱼类洗白后进入市场供应流中的问题。本决议认识到需要确保监测大型延绳钓渔船在 IOTC 管辖区域的转载活动，包括控制其渔获物上岸并收集相关的渔获量数据，以改进科学的种群评估。

其一般规则是，除决议规定的海上转载监测方案外，所有 IOTC 管辖区域渔业捕捞的金枪鱼和类金枪鱼物种以及鲨鱼的转载行为都必须在港口进行（图 2 - 29）。

图 2 - 29　决议 19/06 要求检查员在场，并要求缔约方和
合作非缔约方报告转载情况

该计划仅适用于大型金枪鱼延绳钓渔船（LSTLVs）和获准在海上接收这些船只转载渔获的运输船。不允许其他船只在海上转载金枪鱼和类金枪鱼物种和鲨鱼。

该决议依据被授权的大型金枪鱼延绳钓渔船建立了可以在 IOTC 管辖区域的海上接收转载的金枪鱼和类金枪鱼物种的运输船的 IOTC 名单。不在名单中的运输船不准从事转载活动。

该决议适用于拥有大型金枪鱼延绳钓渔船的缔约方和合作非缔约方；他们必须决定是否授权其大型金枪鱼延绳钓渔船在海上进行转载。

如果授权，转载必须按照该决议的相关要求进行：海上转载监测计划；获准在 IOTC 管辖区域接收海上转载的 IOTC 船舶记录；海上转载的条件；以及决议的一般性规定，具体如下。

> 在有组织的金枪鱼洗白作业中，非法、不报告和不管制船只捕捞的大量渔获物以有执照的渔船的名义进行转载。

对于悬挂缔约方和合作非缔约方旗帜的在港口转载的船舶，缔约方和合作非缔约方必须确保相关船舶遵守**附件一**中的义务。

技术要求

针对海上转载，缔约方和合作非缔约方必须：

- 确保授权海上转载的船舶安装和运行船舶监控系统。
- 确保大型金枪鱼延绳钓渔船在缔约方和合作非缔约方管辖的水域进行转载时须得到有关沿海国的事先授权，并且其大型金枪鱼延绳钓渔船符合以下条件：
  - 大型金枪鱼延绳钓渔船已事先获得船旗国的授权。
  - 作业的大型金枪鱼延绳钓渔船履行相关通知义务，包括大型金枪鱼延绳钓渔船在计划转载前至少 24 小时向其船旗国发送信息，并在转运后根据**附件三**提交申报文件。
  - 接收方的运输船需要确认该船舶已加入 IOTC 计划，事先获得其船旗国的授权，并在转载渔获物上岸前 48 小时向上岸国主管当局提交相关信息（包括 IOTC 转载申报文件）。
  - 禁止所有运输船在没有 IOTC 观察员的情况下开始或继续在海上转载，但包括印度尼西亚木制运输船的某些情况除外。
- 遵守统计文件验证的一般要求，遵守在首次销售之前未加工或在船上加工的转载上岸的渔获物的 IOTC 转载申报的要求。

报告要求

船旗国：

- 尽可能以电子方式向 IOTC 执行秘书报告：获准从 IOTC 管辖区域的大型金枪鱼延绳钓渔船接收海上转载的运输船名单，包括：
  - 船舶的旗帜。
  - 船舶名称、注册号。
  - 曾用名称（如有）。
  - 曾用船旗（如有）。
  - 曾经从其他注册表删除的详细信息（如有）。

- 国际无线电呼号。
- 船舶类型、长度、总吨位和承载能力。
- 船主和作业人员的姓名和地址。
- 授权转载的时间段（第 7 段）。

■ 发生变动时随时向 IOTC 执行秘书报告：对 IOTC 记录的任何添加、删除和修改（第 8 段）。

■ 在转载后 24 小时内向 IOTC 秘书处和大型金枪鱼延绳钓渔船的船旗国报告：接收运输船的船长必须填写并递交 IOTC 转载申报单，及其在 IOTC 运输船记录中的编号（第 16 段）。

■ 每年 9 月 15 日前向 IOTC 执行秘书报告：前一年转载的物种数量；在 IOTC 记录、注册中且在前一年进行过转载的大型金枪鱼延绳钓渔船的名单；一份关于接收缔约方和合作非缔约方的大型金枪鱼延绳钓渔船转载的运输船只的观察员所提交报告的评估报告（第 23 段）。

■ 在 IOTC 履约委员会会议召开前三个月向 IOTC 秘书处报告：关于大型金枪鱼延绳钓渔船或者运输船可能违反 IOTC 养护和管理措施的调查结果，IOTC 秘书处在根据**附件四**第 10 段向缔约方和合作非缔约方提供所有原始数据、摘要和报告时已提供了的相关证据（第 26 段）。

■ 在年度实施报告中向 IOTC 报告：大型金枪鱼渔船的船旗国必须包括其船只转载的详细信息（**附件一**，第 6 段）。

观 察 员

决议 11/04：关于区域观察员计划

该决议中 IOTC 观察员计划的目标是收集经核实的渔获量数据以及与 IOTC 管辖区域内金枪鱼和类金枪鱼捕捞活动有关的其他科学数据。该计划针对小型渔业的海上观察和取样，所获信息用于科学目的和记录捕鱼活动。每个缔约方和合作非缔约方船队在 IOTC 管辖区域使用任一渔具捕鱼时，其观察员计划需覆盖所有作业和网次的 5%。本决议适用于总长度在 24 米或以上的船只，或在其专属经济区以外捕鱼的长度在 24 米以下的船只。

小型渔船的渔获上岸情况必须由野外取样员在上岸地点监测，覆盖率的目标是覆盖船只总活动数（即船只总航次数目或活跃船只总数）的 5%。

在某些情况下，围网渔船上的观察员必须在卸货时监测渔获量以确定大眼金枪鱼渔获量的组成（图 2 - 30）。

图 2-30　决议 11/04 设立了一个区域观察员计划，以收集所有金枪鱼渔业
（包括沿岸小型渔船）的经过核实的渔获量数据

技术要求

缔约方和合作非缔约方负有培育合格观察员的首要责任，必须：

■ 努力满足其船队中活跃的有代表性的渔具类型的最低覆盖水平。
■ 采取一切必要措施以确保观察员能够以称职和安全的方式履行职责。
■ 努力确保观察员每次派遣到不同船只。
■ 确保船舶提供合适的食宿。
■ 资助其观察员计划。

观察员的职责和任务包括：

• 记录和报告捕捞活动，核实船舶的位置。
• 尽可能观察和估计渔获量，以便确定渔获物成分并监测抛弃物、副渔获物的大小和频率。
• 记录船长使用的渔具类型、网目尺寸和附件。
• 收集信息以便交叉核对渔捞日志上的条目（物种组成和数量、活体和加工重量和位置，若有）。

区域观察员计划增加了科学信息，有利于改善 IOTC 的物种管理，并重申船旗国有责任确保其船只在开展活动时充分遵从 IOTC 养护和管理措施。

61

- 按照 IOTC 科学委员会的要求开展此类科学工作（例如，收集样本）。
- 在行程完成后 30 天内向船舶所属的缔约方和合作非缔约方提供报告。

报告要求

船旗国

- 每年向 IOTC 执行秘书和科学委员会报告：根据本决议的规定，关于所监测的船只数量和按渔具类型所实现的覆盖率的报告（第 9 段）。
- 在 150 天内向 IOTC 执行秘书和渔船作业时所在专属经济区所属的沿海国报告：观察员报告（必须在每个航次完成后 30 天内提交给缔约方和合作非缔约方），需要确保延绳钓船队观察员提交不间断的报告，建议空间网格使用 1°×1°格式（第 11 段）。

3 强制性数据统计

决议 18/07：针对未履行 IOTC 报告义务行为的措施

该决议指出，一些种群仍未得到评估，而其他一些种群的评估具有很大的不确定性，这可能会导致 IOTC 物种衰竭和生态系统损害。该决议的目的是建立一个程序，改进缔约方和合作非缔约方的报告，并禁止缔约方和合作非缔约方在没有向 IOTC 秘书处报告相关数据的情况下保留物种。

该程序要求 IOTC 履约委员会审查缔约方和合作非缔约方的报告，说明其为履行对 IOTC 所有渔业（包括与 IOTC 渔业有关的鲨鱼物种）的报告义务而采取的行动，包括为改进目标和兼捕渔获物的数据收集而采取的措施。

存在一种制裁机制。根据**附件一**中的准则，如果缔约方和合作非缔约方在某一年未（专门）报告一个以上鱼种的名义渔获量（包括零渔获量）数据（根据决议 15/02 第 2 段），委员会在随后的审查中可考虑，自数据缺失或报告不完整的年份起，禁止其保留这些鱼种，直至 IOTC 秘书处收到相关数据为止（图 2 - 31）。

有关缔约方和合作非缔约方必须与 IOTC 秘书处合作，利用粮农组织既定的数据收集方法，确定并实施可能的替代性数据收集方法。

技术要求

按照本决议**附件一**第 1 段的要求，规定了促进零渔获量报告的程序。

使用决议 15/02 第 4 段中的报告要求。

报告要求

船旗国

■ 在年度实施报告中向 IOTC 秘书处报告：为实施所有 IOTC 渔业的报告义务而采取的行动，包括与 IOTC 渔业有关的鲨鱼物种，特别是为改善目标和兼捕渔获的数据收集所采取的措施（第 1 段）。

为了按照预防性方法管理 IOTC 的所有渔业，有必要采取措施以消除或减少不报告和误报。

图 2-31　决议 18/07 引入了针对零渔获量物种的报告制度，并对未报告
渔获量和捕捞努力量的行为制定潜在惩罚措施

■ 为促进零渔获量报告，缔约方和合作非缔约方必须遵循指定的程序
（第 4 段）。

决议 15/02：IOTC 缔约方和合作非缔约方的强制性数据统计要求

该决议要求缔约方和合作非缔约方按照规定的时限向 IOTC 秘书处提供关于总渔获量数据、捕捞努力量数据以及体长数据的信息（图 2-32）。此信息对于确定渔业资源的状态至关重要。这些要求适用于船旗国。目前按物种和数据集分类的 IOTC 统计数据报告要求见图 2-33。

技术要求

缔约方和合作非缔约方必须提供：

■ 按照给定要求，按物种和渔具计算所有 IOTC 物种和某些软骨鱼种的年度（或季度）总渔获量的估计值。

■ 相关 IOTC 决议所要求的鲸类、鳐鱼和海龟的数据。

　　IOTC 协议按照最低要求及时提供统计数据和其他信息（第十一条）。

图 2-32 决议 15/02 要求定期报告渔获量和捕捞努力量数据，包括沿岸小型渔业的数据

■ 根据给定要求，与金枪鱼和类金枪鱼物种以及某些软骨鱼物种有关的水面、延绳钓和沿海渔业的捕捞量和努力量数据。
■ 与所有渔具和鱼种渔获量和努力量数据相关的体长数据，并遵循 IOTC 渔业统计数据报告准则中所述程序的指导。
■ 关于使用集鱼装置的指定数据（此数据仅供 IOTC 科学委员会及其工作组使用），须经数据所有者批准，并受 IOTC 数据保密政策和程序的约束。

报告要求

图 2-33 显示了按物种和数据集划分的当前 IOTC 统计数据报告要求。

船旗国

根据以下时间线向 IOTC 秘书处报告：

■ 在公海作业的延绳钓船队必须在 6 月 30 日之前提供前一年的初步数据，并在 12 月 30 日之前提供最终数据。
■ 所有其他船队（包括供给船）必须在 6 月 30 日之前提交前一年的最终数据。
■ 但是，如果不能按要求提交最终统计数据，至少应提供初步统计数据，在推迟两年之后对历史数据的任何修改需要做出正式报告并证明其合理性。

（报告模板在 IOTC 的网站上：http：//www. iotc. org/data/requested - statistics - andsubmission - forms）（第 1 段，时间线在第 7 段。）

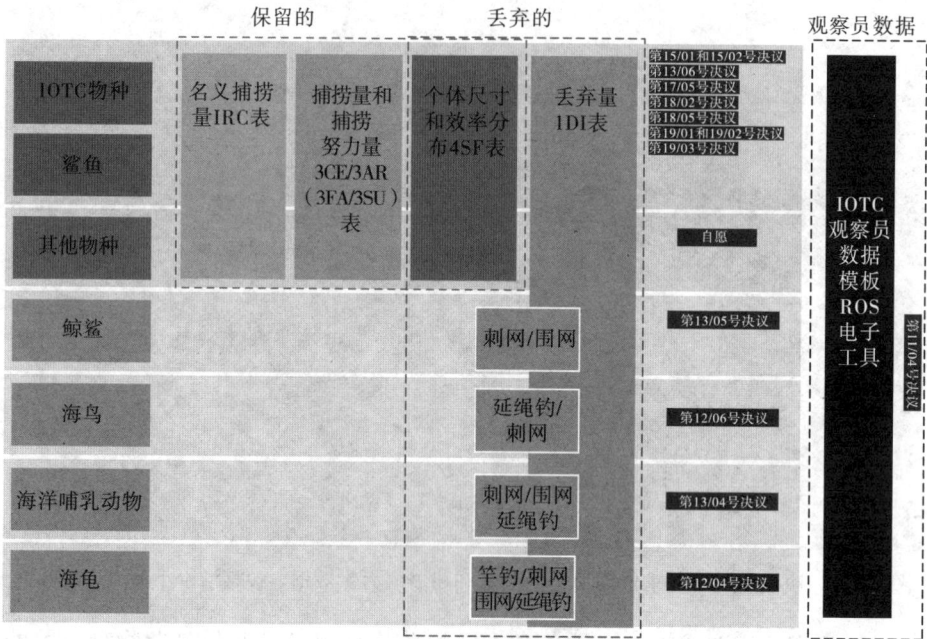

图 2-33　按物种和数据集划分的当前 IOTC 统计数据报告要求

4 市场相关措施

决议 10/10：市场相关措施

该决议的目标是确定并采取符合世界贸易组织标准的非歧视性的市场相关措施，以打击：（a）未履行《IOTC 协定》规定的义务，不对悬挂其旗帜的船只行使控制权的缔约方和合作非缔约方；（b）未能履行国际法规定的义务与 IOTC 合作的非缔约方（NCP），包括不能确保其船只不破坏 IOTC 养护和管理措施。

与市场有关的措施鼓励遵守 IOTC 养护和管理措施，对不履约行为实施经济打击。对于缔约方和合作非缔约方来说，在考虑采取与市场有关的措施之前，鼓励其采取诸如减少现有配额或捕捞限额等行动（图 2-34）。

图 2-34 决议 10/10 规定应对那些未报告渔获量或未遵守 IOTC 养护和管理措施的行为采取行动

根据本决议所提供的信息（关于进口、上岸、转载、出口）有助于更好地了解市场动态。

技术要求

从 IOTC 管辖区域捕捞金枪鱼和类金枪鱼等鱼类产品的缔约方和合作非缔约方（"市场国"），或在港口上岸或转载的缔约方和合作非缔约方，应尽可能收集和检查有关进口、上岸或转载的所有相关数据和信息（注：对于转载，根据关于大型渔船转载的决议 19/06，某些数据的收集是强制性的）。

该决议描述了委员会、秘书处和履约委员会针对不履约的缔约方和合作非缔约方或者非缔约方在识别、通知和采取可能的市场相关措施的过程中拟采取的行动，以及可能采取的其他行动。

在该过程中，履约委员会在考虑相关因素的基础上，识别未能履行义务的缔约方和合作非缔约方以及非缔约方。委员会通知相关信息，并要求其纠正自己的行为。

缔约方和合作非缔约方必须继续努力确保 IOTC 养护和管理措施的执行，并鼓励非缔约方遵守其条款；当其他措施无法有效打击相关违规行为时，可以实施市场相关措施进行打击。

履约委员会对其反应进行评估，并向委员会提出行动建议，就缔约方和合作非缔约方而言，只有在其他指定行动不成功或无效的情况下，才必须考虑与市场相关的措施。委员会通过 IOTC 秘书处将这一决定通知缔约方和合作非缔约方以及非缔约方，并鼓励每年编制一份受市场相关措施约束的缔约方和合作非缔约方以及非缔约方的名单。

缔约方和合作非缔约方必须通知履约委员会他们为强制执行市场相关措施而采取的任何行动。

报告要求

港口国、市场国

■ 至少在委员会年会召开前 60 天向委员会报告：对于进口金枪鱼和类金枪鱼产品或在其港口上岸或转载该类产品的缔约方和合作非缔约方，需每年提供一系列相关信息［例如，船只和船主信息、产品数据（物种、重量）、出口地点］（第 1 段）。

决议 01/06：关于 IOTC 管辖的大眼金枪鱼的数据统计文件计划

该决议认为统计文件计划是协助委员会消除非法、不报告和不管制捕捞活动的有效工具。该决议旨在通过要求提供有效的进口和再出口文件来控制并减少对大眼金枪鱼合法性捕捞的不确定性。这也减少了非法捕捞的大眼金枪鱼进入市场的机会，并提供相关市场数据（图 2-35）。

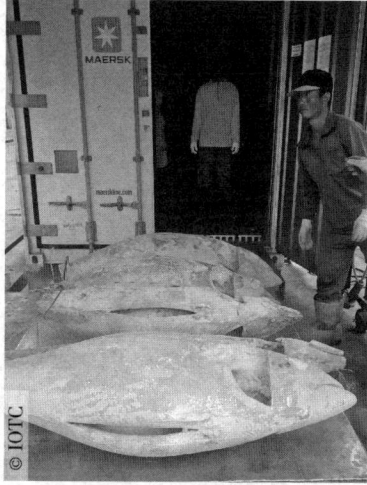

图 2-35　决议 01/06 要求各国向 IOTC 提交出口和进口数据，
以便进行比对并对异常情况进行解释

技术要求

缔约方必须要求其进口大眼金枪鱼时附有 IOTC 大眼金枪鱼统计文件和
IOTC 大眼金枪鱼再出口证书，文件和证书需分别符合**附件一**和**附件二**的
要求。

在 IOTC 管辖区域用围网和杆钓（诱饵船）捕
获的用于制作罐头的大眼金枪鱼不受本决议约束。

通过"方便旗"捕
捞作业捕获的大多数大
眼金枪鱼出口到缔约
方，尤其是日本；贸易
数据的提供有助于减小
IOTC 管辖区域大眼金
枪鱼渔获量的不确
定性。

报告要求

进口缔约方

■ 每年 4 月 1 日之前向 IOTC 执行秘书报告前
一年 7 月 1 日至 12 月 31 日期间的数据：该
计划收集的数据，格式需参照**附件二**（由决
议 03/03 中的统计文件和说明表样表取代）
（第 5 段）。

■ 每年 10 月 1 日前向 IOTC 执行秘书报告本年 1 月 1 日至 6 月 30 日期间
的数据：该计划收集的数据，格式需参照**附件二**（由决议 03/03 中的
统计文件和说明表样表取代）（第 5 段）。

出口缔约方

■ 每年向委员会报告：从 IOTC 执行秘书收到进口缔约方报告的进口数据
后对出口数据的审查结果（第 6 段）。

第三章

委员会和科学委员会的基本文本和决定所限定的报告职责

本章介绍了 IOTC 协定和议事规则以及委员会和科学委员会决定中的一般性报告要求。

IOTC 协定——实施

《IOTC 协定》（以下简称《协定》）在第十条中规定了实施《协定》和养护和管理措施的要求，包括提交和审查年度报告以及交换信息。所有成员都必须遵守这些协定。

议事规则将实施报告范围扩大到**附件五**中的所有缔约方和合作非缔约方。

技术要求

委员会成员必须：

■ 根据本国立法采取行动使《协定》生效，并实施委员会通过的具有约束力的养护和管理措施，包括对违反行为施加充分的惩罚。

■ 建立一个持续审查所采用养护和管理措施实施情况的系统，同时考虑监测捕捞活动和收集必要科学信息的适当工具和技术；并且与非委员会成员的任何国家或实体合作以交换关于其国民捕捞《协定》所涉种群的信息。

报告要求

■ 每年向委员会报告：根据国家立法为使《协定》生效和实施具有约束力的养护和管理措施而采取的任何行动。实施情况报告必须最迟在委员会会议前 60 天提交。

（IOTC 协议第十条第 2 段）

2021 年实施报告的模板①分为三个部分：

A 部分

上一年根据国家立法为实施委员会上届会议通过的养护和管理措施而采取的行动。

B 部分

根据国家立法为实施委员会前几届会议通过的养护和管理措施而采取的之前没有报告过的行动。

C 部分

《成员和合作非缔约方数据和信息报告要求指南》所规定的缔约方和合作

---

① 关于 2020 年的实施报告在 https：//www.iotc.org/compliance/monitoring 网站上发布。

非缔约方的数据和信息报告要求[①]。

该模板需要报告以下养护和管理措施，相关措施本身也包含报告要求。

A 部分	
决议 19/01	关于在 IOTC 管辖区域内重建印度洋黄鳍金枪鱼种群的临时计划
决议 19/02	集鱼装置（FADs）管理计划的步骤
决议 19/03	关于 IOTC 所管辖渔业捕捞的鳐鱼的养护
决议 19/04	关于获准在 IOTC 管辖区域作业的 IOTC 船舶的记录
决议 19/05	关于禁止抛弃在 IOTC 管辖区域被围网渔船捕捞的大眼金枪鱼、鲣鱼、黄鳍金枪鱼和非目标物种[①]
决议 19/06	关于制定大型渔船转载的管理计划
决议 19/07	关于在 IOTC 管辖区域的船舶租赁
B 部分	
决议 18/07	针对未履行 IOTC 报告义务行为的措施
决议 17/07	关于在 IOTC 管辖区域对大型流网的禁令
决议 14/05	关于记录在 IOTC 管辖区域捕捞 IOTC 物种的拥有许可证的外国船舶和其准入协定的信息
C 部分	
决议 13/04	关于鲸类动物的养护
决议 13/05	关于鲸鲨的养护
决议 12/04	关于海龟的养护
决议 12/06	关于减少延绳钓渔业对海鸟的兼捕
决议 11/02	关于在数据浮标上捕鱼的禁令
决议 11/04	关于区域观察员计划
决议 01/06	关于 IOTC 管辖的大眼金枪鱼的数据统计文件计划

　①本决议不要求向秘书处报告，因此本手册未另行论述。唯一的义务是船长需根据第 4.b（i）和（ii）条款决定不应在船上保留的鱼类。在这种情况下，他必须在渔捞日志中记录相关事件，包括估算的抛弃渔获的吨位（282 页中的第 33 页）和物种组成；以及所估算的保留的渔获的吨位和物种组成。第 1 款和第 2 款中的法律义务分别涉及在船上保留的目标和非目标金枪鱼鱼种

　　向委员会报告：各成员必须向委员会提供：

■ 委员会根据本协定所要求的可获得的统计数据和信息；以及关于养护和管理《协定》所涉种群的现行法律、条例和行政指示的副本（或摘要）（《IOTC 协定》第十一条）。

---

① 可在 https://www.iotc.org/compliance/reporting-templates 上获取。

议事规则和委员会决定——标准化履约问卷

IOTC 议事规则①最近一次更新是在 2014 年，其中包含委员会根据《协定》行使权力时必须遵循的程序。议事规则涉及委员会会议、秘书处工作人员的任命和职责以及包括分委会和工作组在内的委员会附属机构的职能和设立等事项。规则十一设立了履约委员会。

其职权范围和议事规则载于**附录五**，其中授权履约委员会审查每个缔约方和合作非缔约方对 IOTC 养护和管理措施履约的所有方面，并向委员会报告其讨论结果和建议。在这方面，履约委员会必须收集和审查 IOTC 附属机构提供的与履约有关的资料和缔约方和合作非缔约方提交的实施报告。

履约委员会的职权范围包括有责任向委员会提出必要建议以确保养护和管理措施的有效性，特别是有关缔约方和合作非缔约方遵循具有约束力的养护和管理措施的程度。

报告要求

报告要求是下列程序的组成部分（IOTC 议事规则附录五）：

- 履约委员会的筹备工作包括在年会召开前 4 个月向缔约方和合作非缔约方发送一份关于遵守养护和管理措施的履约调查问卷，征求意见和答案。要求缔约方和合作非缔约方在收到调查问卷后 45 天内答复并将其返还秘书处。
- 秘书处必须在年会前两个月发布调查问卷的评论和答复，并邀请所有其他的缔约方和合作非缔约方提出评论和问题。然后，秘书处必须以表格草稿的形式汇编答复，并提供给缔约方和合作非缔约方。在允许缔约方和合作非缔约方提供进一步意见后编制最终版表格，以作为履约审查过程的依据，并分发给缔约方和合作非缔约方进行讨论。

关于反馈，委员会于 2017 年商定，缔约方和合作非缔约方在下一届委员会会议前 60 天的最后期限前，可以根据履约委员会每年的审议情况就履约问题提供反馈函。

科学委员会——国家科学报告

2001 年，科学委员会常规会议首次确定了国家科学报告的要求（第 111

---

① 获取地址：http：//www.iotc.org/documents/indian-ocean-tuna-commission-rules-procedure-2014。

段）。该报告旨在提供"一般性渔业统计数据、委员会建议实施报告、目前实施的国家科学研究计划和其他相关主题"。所有缔约方和合作非缔约方，无论是否打算出席科学委员会年会，都必须提交报告。

技术要求

本报告的目的是向科学委员会提供有关在 IOTC 管辖区域作业的缔约方和合作非缔约方捕捞活动的资料。

本报告旨在为缔约方和合作非缔约方提供金枪鱼和旗鱼渔业主要特点的摘要。它不能取代决议 15/02（IOTC 缔约方和合作非缔约方的强制性数据统计要求）所规定的数据提交需求。

报告要求

■ 不迟于科学委员会年会前 15 天向科学委员会提交国家科学报告，无论该缔约方和合作非缔约方是否参加年会。报告必须包括 IOTC 管辖物种的所有捕捞活动，以及 IOTC 协定和委员会决定所要求的鲨鱼和其他副产品和副渔获物的情况。

提供了国家科学报告的模板①。

---

① 获取地址：http：//www.iotc.org/compliance/reporting - templates。

附　件

附件一　有报告要求的有效决议的标题列表

决议	决议标题	实施表	报告模板①
19/01②	关于在 IOTC 管辖区域内重建印度洋黄鳍金枪鱼种群的临时计划	√	
19/02	集鱼装置（FADs）管理计划的步骤	√	
19/03	关于 IOTC 管辖渔业捕捞的鳐鱼的养护	√	
19/04	关于获准在 IOTC 管辖区域作业的 IOTC 船舶的记录	√	√
19/06	关于制定大型渔船转载的管理计划	√	√
19/07	关于在 IOTC 管辖区域的船舶租赁	√	
18/02	关于养护 IOTC 所管辖渔业捕捞的大青鲨的管理措施	√	
18/03	关于建立 IOTC 管辖区域内被认为从事非法、不报告和不管制捕捞活动的船舶的名单	√	
18/05	关于养护旗鱼类物种（条纹马林鱼、黑枪鱼、蓝枪鱼和平鳍旗鱼）的管理措施	√	
18/07	针对未履行 IOTC 报告义务行为的措施	√	
17/05	关于 IOTC 所管辖渔业捕捞的鲨鱼的养护	√	
17/07	关于在 IOTC 管辖区域对大型流网的禁令	√	
16/05	无国籍船舶	√	
16/08	关于载人和无人飞行器作为捕鱼辅助工具的禁令	√	
16/11	关于防止、制止和消除非法、不报告和不管制捕捞的港口国措施	√	
15/01	关于 IOTC 管辖区域内渔船渔获量和捕捞努力量的记录	√	
15/02	IOTC 缔约方和合作非缔约方的强制性数据统计要求	√	
15/03	关于船舶监测系统（VMS）计划	√	√
14/05	关于记录在 IOTC 管辖区域捕捞 IOTC 物种的拥有许可证的外国船舶和其准入协定的信息	√	√
13/04	关于鲸类动物的养护	√	
13/05	关于鲸鲨的养护	√	

（续）

决议	决议标题	实施表	报告模板[①]
13/06	关于养护在 IOTC 管辖区域捕捞的鲨鱼类物种的科学管理框架	√	
12/04	关于海龟的养护	√	√
12/06	关于减少延绳钓渔业对海鸟的兼捕	√	
12/09	关于在 IOTC 管辖区域捕捞的长尾鲨科物种的养护	√	
11/02	关于在数据浮标上捕鱼的禁令	√	
11/04	关于区域观察员计划	√	
10/08	关于在 IOTC 管辖区域捕捞金枪鱼和剑鱼的处于运行状态的船舶的记录	√	√
10/10	市场相关措施		√
07/01	促进缔约方和合作非缔约方的国民遵守 IOTC 养护和管理措施	√	
05/03	关于建立 IOTC 港口检查计划	√	√
01/03	建立一个促进非缔约方船舶遵守 IOTC 决议的方案	√	
01/06	关于 IOTC 管辖的大眼金枪鱼的数据统计文件计划[③]	√	√

①《IOTC 成员和合作非缔约方数据和信息报告要求指南》提供了模板，下载地址为 https://www.iotc.org/compliance/reporting - templates。当显示"存在报告模板"时，可以以下地址下载 http://www.iotc.org/compliance/reporting - templates。

②对印度没有约束力，而是受决议 18/01 的约束。

③另见决议 03/03 的附件。

附件二　本手册中的决议列表

1. 渔业管理	
渔业管理措施和标准	
19/01[①]	关于在 IOTC 管辖区域内重建印度洋黄鳍金枪鱼种群的临时计划
19/02	集鱼装置（FADs）管理计划的步骤
18/05	关于养护旗鱼类物种（条纹马林鱼、黑枪鱼、蓝枪鱼和平鳍旗鱼）的管理措施
17/07[②]	关于在 IOTC 管辖区域对大型流网的禁令
16/08	关于载人和无人飞行器作为捕鱼辅助工具的禁令
15/01	关于 IOTC 管辖区域内渔船渔获量和捕捞努力量的记录
11/02	关于在数据浮标上捕鱼的禁令

（续）

	1. 渔业管理
	相关的兼捕（非 IOTC）物种
19/03	关于 IOTC 所管辖渔业捕捞的鳐鱼的养护
18/02	关于养护 IOTC 所管辖渔业捕捞的大青鲨的管理措施
17/05	关于 IOTC 所管辖渔业捕捞的鲨鱼的养护
13/04	关于鲸类动物的养护
13/05	关于鲸鲨的养护
13/06	关于养护在 IOTC 管辖区域捕捞的鲨鱼类物种的科学管理框架
12/04	关于海龟的养护
12/06	关于减少延绳钓渔业对海鸟的兼捕
12/09	关于在 IOTC 管辖区域捕捞的长尾鲨科物种的养护

	2. 监测、控制和监督
	非法、不报告和不管制捕捞活动
18/03	关于制定 IOTC 管辖区域内被认为从事非法、不报告和不管制捕捞活动的船舶的名单
16/05	无国籍船舶
01/03	建立一个促进非缔约方船舶遵守 IOTC 决议的方案
07/01	促进缔约方和合作非缔约方的国民遵守 IOTC 的养护和管理措施
	船舶记录
19/04	关于获准在 IOTC 管辖区域作业的 IOTC 船舶的记录
19/07	关于在 IOTC 管辖区域的船舶租赁
14/05	关于记录在 IOTC 管辖区域捕捞 IOTC 物种的拥有许可证的外国船舶和其准入协定的信息
10/08	关于在 IOTC 管辖区域捕捞金枪鱼和剑鱼的处于运行状态的船舶的记录
	船舶监测系统
15/03	关于船舶监测系统（VMS）计划
	港口国措施
16/11	关于防止、制止和消除非法、不报告和不管制捕捞的港口国措施
05/03	关于建立 IOTC 港口检查计划
	转载
19/06	关于制定大型渔船转载的管理计划
	观察员
11/04	关于区域观察员计划

（续）

	3. 强制性数据统计
18/07	针对未履行 IOTC 报告义务行为的措施
15/02	IOTC 缔约方和合作非缔约方的强制性数据统计要求
	4. 市场相关措施
10/10	市场相关措施
01/06	关于 IOTC 管辖的大眼金枪鱼的数据统计文件计划

①除了印度，决议 18/01 仍然适用。

②除了巴基斯坦，决议 12/12 仍然有约束力。

图书在版编目（CIP）数据

印度洋金枪鱼委员会养护和管理措施实施手册. B部分：印度洋金枪鱼委员会养护和管理措施限定的报告义务：第二版 / 联合国粮食及农业组织编著；张帆，程心译. —北京：中国农业出版社，2023.12
（FAO中文出版计划项目丛书）
ISBN 978-7-109-31205-0

Ⅰ.①印… Ⅱ.①联… ②张… ③程… Ⅲ.①印度洋—金枪鱼—资源保护—手册 Ⅳ.①S965.332-62

中国国家版本馆CIP数据核字（2023）第192107号

著作权合同登记号：图字01-2023-4040号

印度洋金枪鱼委员会养护和管理措施实施手册（B部分）
YINDUYANG JINQIANGYU WEIYUANHUI YANGHU HE GUANLI CUOSHI SHISHI SHOUCE（B BUFEN）

中国农业出版社出版
地址：北京市朝阳区麦子店街18号楼
邮编：100125
责任编辑：王秀田
版式设计：王　晨　责任校对：张雯婷
印刷：北京通州皇家印刷厂
版次：2023年12月第1版
印次：2023年12月北京第1次印刷
发行：新华书店北京发行所
开本：700mm×1000mm　1/16
印张：6
字数：110千字
定价：58.00元